工匠精神

价值型员工的进阶之路

冷湖◎著

应急管理出版社

·北京·

图书在版编目（CIP）数据

工匠精神：价值型员工的进阶之路／冷湖著．－－
北京：应急管理出版社，2020
ISBN 978 - 7 - 5020 - 7891 - 1

Ⅰ．①工…　Ⅱ．①冷…　Ⅲ．①职业道德—通俗读物
Ⅳ．①B822.9 - 49

中国版本图书馆 CIP 数据核字（2020）第 019958 号

工匠精神　价值型员工的进阶之路

著　　者	冷　湖	
责任编辑	高红勤	
封面设计	王玉美	

出版发行　应急管理出版社（北京市朝阳区芍药居 35 号　100029）
电　　话　010 - 84657898（总编室）　010 - 84657880（读者服务部）
网　　址　www. cciph. com. cn
印　　刷　三河市金泰源印务有限公司
经　　销　全国新华书店

开　　本　880mm × 1230mm$^1/_{32}$　印张　8　字数　178 千字
版　　次　2020 年 6 月第 1 版　2020 年 6 月第 1 次印刷
社内编号　20180629　　　　定价　42.80 元

目
录

第十章 爱与幸福：把工作看成有灵气的生命体

第 一 章
工匠精神来自何处

1 工匠精神是舶来品？

当中国打开国门之后，向世界学习已经成为一股思潮。在"工匠精神"成为热门词汇后，不少人把视线盯在了德国、日本这些科技较为发达的国家，从奔驰汽车、佳能单反中寻找工匠精神的影子。诚然，德、日两国的制造水准的确反映出了工匠精神，然而很多人却忘了，中国比德国和日本更早就拥有了工匠精神。

古代中国，称得上是世界最大的原创之国、匠品出口国和匠人之国。无论是我们引以为豪的丝绸和瓷器，还是输出全球的茶叶和漆器，都代表着极高的工艺水平。早在西周时期，我国就开设有"百工制度"，所以"中国制造"在几千年以前就闻名遐迩。

在《诗经》当中，我们的祖先就形象地把骨器、象牙、玉石的加工过程描述为"如切如磋"和"如琢如磨"，用词简练，每一个字都代表着我们精雕细刻的程度。在《尚书》中，我们又用"惟精惟一，允执厥中"来描述工匠的专注和精准，这与当代世界所公认的工匠奥义如出一辙。

在 2700 年前，齐国出了一位政治家管仲，他把工匠划为四种基本职业即"士、农、工、商"之一。士在早期是贵族，在后期是知识分子；农就是农民；工是指工匠；商是指商人。自管仲以来，中国历经 2000 多年的风雨洗礼，始终保留着"匠人"这个群体，成为中国社会的基本构成部分，在漫长的封建时代中，工匠的社会地位高于商人。

这就是中国的工匠文化，当然，我们传统的工匠精神有它的独到之处，与西方的工匠精神并不完全相同，我们可以通过分析工匠庖丁来了解工匠精神。

"庖丁解牛"是《庄子》中记载的一则寓言故事，讲述了一位名叫"丁"的厨师，宰牛技术高超，宰牛时手、肩、脚、膝盖所顶之处都会发出皮肉和骨骼的分离声，而刀子刺进去之后声音更大并符合音律……之所以有如此神技，是因为丁在19年的时间内不断宰牛，从刚开始看到的只是牛的外形，到后来看到的是牛的身体结构，经过岁月的洗练后，丁最后宰牛不需要依靠眼睛，而是靠精神，而他手中的锋利得像是刚磨出来一样的刀也配得上这位顶级宰牛人。

一个普通的厨师，将宰牛这种看似简单的事情都做得如此精妙，这代表了极致的工匠精神。

从"庖丁解牛"的故事中可以发现，中国传统的工匠精神讲究五个方面。

第一，济世安民。

既然我们说的是"工匠精神"而非"工匠技术"，那就要从"术"的层面升级为"道"的层面，这样才能把精湛的技艺归纳为明晰的理法。正如庖丁所说："臣之所好者道也，进乎技矣！"一句话概括出庖丁看重的不仅是技术，还领悟到"人与刀""刀与牛""牛与其魂魄"的多重精神境界，但是这些境界都要回归到"济世安民"四个字上，也就是让更多的人掌握这项实用的生产技能，提高行业的工作效率，并为社会创造财富，从而成为一个国家生生不息的发展动力。中国古代有一门"失传"的技术叫"屠龙之术"，曾经有一个叫朱泙漫的人拜会屠龙的支离益为师，耗费三年时间并倾家荡产，然而学成之后却找不到一条龙。由此可知，"屠龙"这种不能济世安民的技艺违背了工匠精神。

第二，重精神，轻物质。

美国哲学家麦金泰尔认为，人对利益的追求有两种：一种是外在利益，是物质层面的；还有一种是内在利益，是精神层面的。庖丁表演解牛绝技之后，"提刀而立，为之四顾，为之踌躇满志"，他的志得意满并非是在君王面前展示了才华，而是满足于宰牛获得的自我价值感。这是精神层面的追求，正是这种良好的心态，才能让庖丁甘于寂寞研究屠牛之术，没有让他横生邪念，用手中的利刃去伤人，这是工匠需要的精神且推力，有了它人才能积极地追求卓越。

第三，从量变到质变。

庖丁所说的"三年之后，未尝见全牛也"。这都得益于他日积月累的观察、练习和感悟，有了时间的长度才能有技术的厚度。我们之所以诞生"冰冻三尺，绝非一日之寒"的古训，也是因为我们的祖先明白，想要修习一种技能，必须要舍得付出大量的时间，不能幻想着走捷径。庖丁耗费19年的时间，可以说把人生中最宝贵的光阴都倾注进去，才有资格掌握更高的技能，如果只甘心做一个手疾眼快的宰牛师傅，或许三五年光景就能做到，然而也只能看到一头活牛而不是牛骨。

第四，专心致志。

如果仅仅是堆砌时间而不够专注，那么 19 年的光阴顶多培养出一个熟练的宰牛手，绝不可能成为屠牛大师，因为时间只是匠人提升技巧的基础，并非是技能升级的阶梯，只有拿出专注的态度，不满足于浅尝辄止，才能更上一层楼。古人纪昌在练习射箭技能时，用牦牛尾巴上的毛将虱子挂在窗户上，每天都注视着虱子，在十天里虱子在他眼中渐渐变大了，过了三年之后，虱子已经变成车轮那么大，再看其他东西如同山丘那么大，纪昌一箭就可以射穿虱子的中心，悬挂它的牦牛尾毛却没有断裂。纪昌和庖丁一样，都是在专注的帮助下实现技能进阶，成为行业中的高手。

第五，四两拨千斤。

太极的奥义之一就是"四两拨千斤"，其实这也是工匠精神的要义。因为时间实现技术熟练，专注实现技术精进，但要登临顶峰，就要掌握精巧的技术，也就是我们常说的炉火纯青和出神入化，这就是一种"巧"。它是一种境界，更是一种思维，思维对了，才能力发精准，才能看到他人无法看到、做到他人无法做到的事。

中国传统的工匠精神，既有朴素的一面，也有先验的一面，即便放在今天很多观念也并不过时。中国人对工匠精神的创造、发扬和传播持续千年之久，只是随着西方工业革命的影响，坚船利炮打开了我们的大门，而专注于细节、耗费光阴的匠心并不能直接拯救民族危亡，所以才渐渐消退，但如今已是新时代，在经济主导的全球政治格局中，我们应当重拾遗忘的工匠精神。

对很多人来说，庖丁用 19 年的时间成为一个屠牛大师似乎并不

"划算"，可重点不在于庖丁的人生是否达到了高位，而是在于他的这种精神能够帮助我们走向各自的巅峰，这才是国人需要从祖先的刻苦磨砺中重新修习的本领。或许，当大部分国人意识到应专注于对技艺的渴求，那么人人都可以成为工匠，我们民族的未来就有了希望。

② 从"死板规则"说起

在工作中，我们经常会遭遇规则和实际相冲突的情况，于是有人会把原则性和灵活性统一，并嘲笑那些按照死板规则做事的人，理由是：规矩是死的，人是活的，懂得灵活变通才是聪明人。

或许在处事之道上，灵活一点儿并没错，但如果是修炼技艺，这种灵活性会害了你，因为人生来具有惰性，灵活性一旦开启，会让我们不由自主地避开难题，选择捷径，看似效率提高了，却留下了隐患。

死板并非是真的死板，而是一种态度和操守。

不少中国人在德国生活一段时间就会发现：晚上某个路段即使一辆车没有，红灯亮了，行人还是等待绿灯。据说还有一个针对德国人"死板"的实验：把一个电话亭外面贴上"只准女性使用"的标签后，德国男人竟真的排成长队到其他电话亭等待。于是人们才认为德国人缺乏变通，是典型的"死脑筋"。

在20世纪，德国还分为东德和西德的时候，如果你要去欧洲旅行，每到一地都要在银行兑换当地的货币。如果你来到西德兑换货币时，银行工作人员会仔细核对你在旅行支票上的签名，如果发现字迹有些许不同就会告知你无法兑换。如果换在其他国家，持有者和银行解释一下就能通融，因为你可以用护照或者其他证件证实自己的身份，然而德国人却始终坚持一条原则："按照本银行服务规则，国际旅行支票上的两次签名必须一模一样，否则会产生安全隐患，比如支票遗失被他人冒领之类。我们银行不愿意为赚取兑换现金的服务费而让支票所有者冒财产损失的风险。"

正是因为有了这些"死板"的规定，不少人因为签名的不同而无法兑换货币，甚至忍饥挨饿地穿过德国。然而仔细回味一下，这种死板规则反映出的是德国人认真的工作态度以及对意外的预防：如果真的有人假冒签名又盗用了证件，那么对原主人的利益侵害是非常大的。

单从这几件小事上，或许所谓的死板规则并没有显出优势，然而如果将这个规则运用在工业技艺上，则是另外一番体验了。

曾经有几个中国留学生在德国租了一辆高尔夫轿车，在公路上行驶了两三个小时以后，忽然发现油表上的指针已经接近"油箱空"的红线了，如果是其他国家制造的汽车，还能继续行驶一万米左右，目的就是方便你开到最近的加油站，结果这辆高尔夫只开出了一小段距离就熄火了，留学生只好打电话给公路服务机构。很快，服务技师驾车赶到，经过检查认定汽车本身没有故障，然而留学生认为，油表指针刚到红线就熄火一定有问题，还搬出了在美国驾驶其他汽车的经历，然而德国技师却认为，美国汽车的油表有问题，因为"油箱空"就意味着没有油了，为什么还能继续行驶呢？

我们用"一丝不苟"来形容一个人做事的认真程度，可见"丝"这个度量参照物的重要性，那就是在毫厘之间，而不是粗略地估算。在这一点上，德国人把握得很好，他们无论参加何种规格的会议或者活动，都会准时到达，而这个准时是既不会太早也绝不会迟到，因为这代表着一个人对事务的规划能力，早一点和晚一点，都不"准时"，都是对"一丝不苟"的颠覆，而这就是我们认为的死板规则。

死板规则，恰恰体现出德国式的工匠精神：坚守产品的初始设定，不以人情世故为转移，只做自己不参考他人。

坚守产品的初始设定，指的是产品在设计前是以人的需求为核心的，然而一旦制造完成，就不能再以其他需求作为产品的规格要求，比如在油箱红线这个问题上，美国汽车的"油箱空"其实代表的是"油即将耗尽"，目的是提醒驾驶员及时去加油，这看起来比较灵活却违背了"油表是用来标准油量"的初始设定，让驾驶员无法确定汽车还剩下多少油，不符合产品设计的严谨和规范。

不以人情世故为转移，指的是产品的操作就是为了产品本身，不应该考虑到其他因素尤其是"人情"。美国汽车之所以给油表红线预留了一部分油量，是因为一些驾驶员不会提前考虑到油箱的油何时用尽，都是等到指针提醒之后找地方加油。这种设定会让驾驶员养成思维习惯，因为他们知道即便走到红线汽车还可以行驶一段距离，但问题来了：如果汽车行驶在荒郊野外，附近没有加油站该怎么办？一旦人习惯了某种思维是很难摆脱的，所以德国人才让"油箱空"代表着汽油真的耗尽来规范驾驶员的意识，形成一种良性、规范的使用法则。

只做自己不参考他人，指的是在设计产品时不用考虑友商如何去做，坚持自己的原则。德国的汽车制造商，不可能不知道美国汽车的"油箱空"是如何设定的，但是他们不会盲目效仿，因为这和他们自己坚持的产品设计理念有冲突，更不会考虑美国的驾驶员使用德国汽车后不能适应的问题，因为在德国人看来，这种"油箱空了还能走一万米"的认知是错误的，一个驾驶员应当通过油表计算车程，做到防微杜渐，而不是依赖汽车制造商的"人性化设定"。归根到底，工匠精神的传承不能受到外界的干扰，要坚持自己的判断。

其实从另一个角度看，德国人如此死板，难道他们真的是缺乏情趣和人性的民族吗？当然不是，德国人的死板规则只是针对产品，德国拥有着世界最高水准的乐团，巴赫、贝多芬、舒曼、勃拉姆斯这些音乐巨匠都是德国人，这足以证明他们具有很高的灵性，他们懂得生命，懂得艺术，但是在该较真的领域绝不妥协，这种精神促使工匠们不断坚守着对产品的"死板规则"，才有了顶级制造水准。

3 一品一事：德国的"厕所"和"奶奶锅"

　　人们常说以小见大，一个国家的科技水平和工艺水准，并不一定需要通过航天飞机、潜水艇这些大物件来证实，有时候一个看似无足轻重的设施也见证着工匠水准。

　　最具有代表性的莫过于德国的厕所了。

　　德国在 19 世纪早期就出现了抽水马桶，到了 20 世纪 90 年代已经普及了直冲式马桶，种类繁多。德国的卫生基础设施一直很有保障，而且德国的厕所设计十分注重细节和质量，很少维修，为什么会出现这种情况呢？

　　厕所在装修的时候，最重要的环节是在门口做一道门槛石，目的是让厕所的地面和客厅地面很好地对接并防止厕所的水流出来弄脏客厅。但是在中国，人们在做门槛石的时候往往只关注分隔性却忽略了人性化，比如要想做到防水必须将门槛石做得很高，可如果家里有老人、孩子以及行动不便的人，这道门槛石就会给他们带来很大的麻烦。相比之下，德国的厕所就更加人性化，他们直接采用干湿分离，在厕所单独做了个淋浴室，门槛石很少使用大理石，而是根据门口尺寸选用一小段压边条，这样就能在保证脏水不会外溢的前提下还能维持美观。

　　从门槛石的设计可以发现，德国的工匠们可不是一味死板地做工，他们也会在确保产品质量的同时兼顾美化与得体，之所以能够内外兼顾，在于他们已经把产品分析得入木三分了，因此才有精力去兼顾其他方面。

德国的厕所还有一个让人惊叹的地方，那就是你很少看到外露的马桶水箱，这是因为德国人将水箱直接设计在了墙壁里。这在其他国家看来简直不可思议，因为水箱的机关零件至少要在水中泡上几十年。能确保几十年不出问题，不用维修更换，这需要的不仅仅是技术的精湛，更需要工匠的自信。

有些人总是认为德国式的工匠精神缺少美感和艺术气息，可他们忽略了一个重要问题：美感从何而来？应该是从精密、扎实的技术而来，如果你不敢把马桶水箱嵌在墙里，你就只能采用传统的设计方案，何谈美感呢？

有意思的是，德国厕所的瓷砖和其他国家也有很大差别。德国人在给墙面贴瓷砖时，遵循一个严格的数据标准：瓷砖间的抹灰缝隙宽度是 5 毫米。反观中国，即便是最认真负责的装修师傅，也不可能说出一个固定的标准，而只是"尽可能紧密"。那么，德国人为何死磕在"5 毫米"这个点上呢？因为留下这个缝隙可以钉钉子而无须破坏墙面，而且也方便清洁，如果过于紧密只会藏污纳垢。还有就是瓷砖边缘难免存在误差，无法绝对平直，较宽的缝隙可以让瓷砖接缝的误差不那么明显。

从瓷砖缝隙可以看出，中国厕所的瓷砖虽然贴得更紧密，似乎显示了高超的工匠技术，然而单一追求紧密却忽视了很多现实问题，而德国人却能够从实际出发，故意让瓷砖留有缝隙。由此可见，工匠精神绝非是盲目追求某种极限，而是要以使用者的视角去看待，这样才能判断一个产品是否真的合格。

德国厕所中的"工匠精神"不仅是这些，你在饭店、车站、旅游景点甚至是流动厕所中，会发现他们会预备两卷甚至更多的卫生纸，根本不必担心如厕时没有手纸的尴尬问题，而且德国的手纸普遍要比中国的更结实耐用。对手纸数量和质量的设定，虽然不需要工匠技术，却反映出德国人的细心，这种细心并非是专注在马桶水箱质量上的工业化细心，而是一种人性化的细心，这足以证明一个合格的工匠不仅是技艺高超的师傅，更是懂得客户需求的产品经理。

除了厕所，厨房里也能窥见德国的工匠精神。

很多在德国生活的外国人，常常发现一个有趣的现象：新装修的厨房里放着老旧的、沉重得连男人端着都吃力的锅，通过主人介绍得知，它们都是爷爷、奶奶那一代传下来的，俗称"奶奶锅"。这并非个别现象，德国生产的锅，用上一百年是没有问题的，德国人的理念就是：一件厨具一辈子只要购买一次就可以了。

有一些人对"奶奶锅"特别不理解：如果买一口锅用上一百年，就等于失去了一位顾客，因为他这辈子不需要再买第二口了。相比之下，日本人产的锅也就用20年，商家还有机会招揽回头客。对此，德国人的回答是，虽然人们只买一次锅就足够了，但是他们会把这口锅结实耐用的优点告诉给其他人，会获得更多的客户。在德国很多厨具厂的前身就是"二战"时的兵工厂，从成立到发展壮大不过几十年的时间，卖出去的锅却高达一亿多口，这足以说明问题了。

德国人"使用一百年"的理念，一方面是源于德国缺乏足够的重工业原材料，所以必须物尽其用；另一方面就是对工匠精神的坚守，如果一口锅用几年就坏掉了，那当初为什么要把它造出来？更值得深思的是，德国锅的结实耐用不仅没有限制它的销量，反而因为口碑而扩大了市场，换个角度看，德国的工匠精神，也诞生了德国式的营销思路。

为何德国人能够把工匠精神发扬到如此地步呢？这是因为他们从孩童时代就开始吸收这种精神。曾经有人调查过德国企业中的机械工程师，他们之所以选择这项工作，是因为他们在幼年时就接触了爷爷们和爸爸们的工具箱和工具间，分类整齐的工具成为他们童年时代最深刻的记忆。所以当这些工程师长大之后，只要看到螺丝刀就想把东西拆开，这不仅培养了他们的兴趣和动手能力，更让他们习惯从专业角度分析和拆解事物，在无形中塑造了工匠精神。

工匠精神受经济、文化和民俗等因素的影响，在不同的国家和地区有不同的表现，但其核心是不变的，那就是实现对技艺的极致追求和实际使用的平衡：只为了做到极致而忽视使用是愚蠢，只为了使用而忽视极致是敷衍。也许正是因为找到了平衡点，才让德国的工匠精神既高大上又接地气，被视为工匠精神的标杆，的确不是徒有虚名。

4 工匠精神，与细琐、无聊、枯燥有关

前段时间有一部很火的纪录片叫作《我在故宫修文物》，讲述了鲜为人知的故宫文物修缮工作，播出后引起了广泛热议，人们更加意识到工匠精神的难能可贵。当然，也有不少人重新了解了工匠的工作状态。

过去，人们对工匠并没有很尊重，因为"匠人"在中国传统社会中地位并不高，即使进入现代社会，我们也很容易把他们和走街串巷的修伞匠与磨刀工联系到一起，然而通过故宫修缮文物的展示，让更多的人发现：文物需要时间证明它的价值，而工匠的价值则需要通过细琐、无聊和枯燥的工作来证明。

何谓细琐？就是能够做"细活"。

中国民间喜欢把工作分为粗活和细活，比如挑水搬砖，这些属于粗活，而缝纫刺绣这些就属于细活，大部分的工匠从事细活，而且是"细中之细"——不仅是细小的、细微的，而且还是琐碎的、烦琐的。

这世界上有两种人，一种人喜欢和人打交道，另一种人喜欢和物打交道，工匠基本上属于后者。和人打交道虽然劳心费神，但还不至于细琐，因为人是活的，可以沟通，是有记性的。而物品是死的，你不动它也不动，这需要工匠花费大量的时间和它们"互动"。

烦琐和琐碎，意味着每天都要死抠一些小东西，比如一个轴承打磨得是否光滑，比如一道花纹雕刻得是否精致，都不是值得夸耀的"大事业"，但这些工作是必不可少的。轴承不灵活了，一部机器就可能运转缓慢甚至报废；花纹不精美了，一件工艺品就失去了应有的价值。所以工匠总是要死磕细节，这在外人看来他们的视野变得越来越狭小，其实他们的格局是越做越大，因为他们死磕的是细节，完善的却是整体，而这个整体极有可能是社会这部大机器的重要组成部分。

何谓无聊？能够忍受孤独。

和人打交道，除非对方真的十分讨厌，但总能在交流中找到一些乐趣。但是和物打交道就不同了，它们不会说话，不会活动，所以是沉闷的工作。工匠做好了一件艺术品，艺术品本身不会夸奖他们，即便是出售，工匠往往也不是直接面对客户的人，很难得到赞赏，所以这种工作是无聊的。不过，这毕竟是外人的看法，在工匠眼中，无聊的事情恰恰是一种修行，修炼的是匠心和匠技。当然，任何修炼都是痛苦的，工匠也会有失败和迷茫的时候，这都是再正常不过的事情，但这并不能证明工匠会一直沉陷在无聊的状态中，因为无数美妙的灵感会在这种无聊的工作中诞生。

何谓枯燥？不怕做重复的事。

工匠并非每时每刻都在研究新的技艺，更多的时候是在重复做一件事，这些事少则几个月，多则几年乃至几十年。日本有一个专做寿司的厨神，叫作小野二郎，他做了五十几年的寿司，为了让徒弟做出一个完美的蛋卷，要经历几百次才能予以认可。有人认为，重复的事情没有技术含量，日复一日且没有突破，其实并非如此。人生本来就是一场重复，而平庸和卓越的差别不在于是否重复而在于如何对待重复。如果只是对重复感到厌倦，那么就算是换了一个新工作也无法改变你的心境，因为重复本质上是在专注做一件事，是悟道的慧根，一个不愿意重复的人就很难找到灵光一现的觉醒。一个好的工匠，必然要从忍受枯燥开始，才能逐渐掌握行业内最顶尖的技巧。

细琐、无聊和枯燥，看似是在剥夺工匠的生命力，其实恰恰相反，这是一个重塑生命力的过程。工匠的闪光之处在于能在平凡中创造精彩，能在死板中催生灵动，这些都源自于细琐、无聊和枯燥的积累。那些不愿意忍受寂寞，一心想着做非重复性工作的人，从表面上看保持了生命的活力，但从本质上已经远离了登临顶峰的路径。

所谓工匠精神，是需要经过考验才能被认可的，而细琐、无聊和枯燥就是在检验一个人是否具有耐心、热情和逻辑，这不单是一项体力工作，更是一项复杂的脑力活动。工匠唯有坚守住对技艺的向往，才有能力解决随时可能出现的问题，更要经过一系列的测试才能把最初的构想和设计变为美丽的成品，而那些被细琐、无聊和枯燥吓退的人，只能完成半成品、残次品和废品。

在工匠眼中，细琐寓意着伟大，因为一旦唤醒娴熟技艺的"任督二脉"，就有机会实现技术升级。同样，无聊代表着生机，因为只要你倾注精力和心血，你所投入的工作总能回赠给你收获，缔造一件物品就等于复刻了你的灵魂。自然，枯燥也是一种成长，它能让工匠们在年复一年的劳动中完成技术和心灵的朝圣之旅，而这才是证明自身价值和自我实现的最佳途径。

工匠不是机器人，工匠精神也不是简单的职业操守，而是一种创造精神，是不断追求做得更好的要求。哪怕你并不知道好的极限在何处，然而为了完成这个目标仍然要投入到细琐、无聊和枯燥当中，这就是用细琐来丰富人生，用创造来填平无聊，用热情来驱走枯燥，用你双手所造之物延续工匠的生命和意志。

第 二 章

工匠意识——思维胜过身份

1 不是"你需要"怎样，而是"我想要"怎样

在传统观念中，工匠和大师是两种不同的存在：大师负责设计，工匠负责执行。这大概是因为人们觉得木匠、铁匠、石匠这些匠人从事的工作都是重复性和延续性的，并没有什么创新。还有一些人认为，工匠最重要的事情就是传承上一辈工匠留下来的技艺，这才是坚守。

其实，大师和工匠的关系并非是恒定不变的。今天的大师就是昨天的工匠，今天的工匠可能会变成明天的大师。技艺的确需要传承，但更需要创新，否则坚守的就是落后的技术和思想，新时代也需要传统工艺的精进。

我们生活在创新的时代，虽然很多工作需要按照设计图纸、方案或者计划表循规蹈矩地完成，但这只是基础性工作而非全部，因为一项技艺做得再精，也要符合时代的要求，这就好比某个技术员擅长做传呼机加工，即便再精巧也不能代替全部工作。

工匠精神既是对传统技术的坚守和传承，更是对工艺灵魂的挖掘和突破。为什么工匠精神离不开对细节的执着追求呢？因为只有不断死磕细节才能发现创新点。不论你掌握着何种独门绝技，最终都是要服务社会大众的，如果大众不需要你的技艺，你就必须不断

创新给客户带来更好的体验。苹果、三星等知名手机品牌，都是在坚守技术工艺的基础上不断创新才有了今天的地位。

当我们在创新时代呼吁工匠精神时，恰恰是从侧面反映了要发扬工匠精神中的创新因素，因为随着人口红利走向尾声，社会发展不能再依靠低技术、低质量和低成本的粗放式经营，而要以开放的姿态不断吸收前沿技术，且不断提高质量，这样才能为社会创造巨大的物质价值和精神财富。为何那么多的企业提倡创新精神，在稳扎稳打的生产过程中发掘新的方向，以满足客户日益变化的需求，原因即在此。

近几年来，"互联网+"成为无数企业提升创新能力的思想工具，这也是工匠精神发扬光大的契机。因为互联网的一个显著特征就是创新，它和市场紧密相连，能够以最快、最准确的速度感知客户的实际需求和潜在需求，工匠精神完全可以开辟新的境界，把人工智能、虚拟现实技术以及无人控制等新科技相结合，参与到新一轮的科技革命和产业变革当中，这样才能焕发新时代的光彩。

"需要"是来自市场的，"想要"是来自工匠精神的，它们是一种递进关系，这也是工匠精神的三个思想境界中的最高一层。

第一个境界是满足需求。

如果客户需要一张桌子，木匠就打造出一张桌子，这就是满足客户的需求，工匠扮演的角色就是一个执行者，虽然能够让客户满意，但永远只能跟在客户后面。最关键的是，工匠只能获得客户提出的显性要求，却无法得知客户还未曾意识到的潜在需求，这样的工匠是无法制造有创意的产品的，也不会真正了解客户。

第二个境界是发现需求。

如果客户需要一张桌子，木匠不仅为客户打造出了桌子，还搭配了椅子，那么这就是发现需求，提前帮助客户做好了规划，超前地满足了客户的需求，客户对这一类工匠自然是心存感激的，但这时工匠仍然是处于"被需要"的状态，因为他打造椅子源于客户对桌子的需求，如果没有桌子这个需求，工匠只能被动地等待。

第三个境界是创造需求。

如果客户什么需求都没有提出，木匠却为客户打造出了一张台球桌，让客户享受到业余时间打台球的乐趣，这就是为客户创造了需求，而这个主动行为并非是盲目的，因为木匠可能知道客户工作比较枯燥，或许还了解客户喜欢社交，这些需求并没有指向具体的产品，但木匠主动去创造了一个可供娱乐的设施，这就是为客户创造了集娱乐和社交为一体的桌球需求，真正站在了客户的角度上引导对方，达到了"我想要"的目的。

福特汽车公司的创始人亨利·福特说过，如果你问用户需要一辆什么样的汽车，他会告诉你需要一辆更好的马车。福特经过详细的调研发现，很多用户根本说不出自己需要什么样的汽车，在他们脑中都是抽象模糊的概念。后来，乔布斯把福特的这句话改装成："人们根本不知道他们想要什么，直到你把产品摆在他的桌面。"

一个合格的工匠，要充满自信，相信自己可以为客户创造需求，要保持"我想要"的思维状态而不是"你要什么"的状态。当然，采用这种思维方式，要了解客户和市场，你不能为一个讨厌室内活动的人制造桌球。

"我想要"代表的不仅仅是创新，而是一种勇于突破自我的精神，因为当工匠提出这个想法时往往还停留在纸面上，没有真正实现，而在实践的过程中会遇到诸多意想不到的麻烦，工匠必须将每一个麻烦都克服掉，才能让"我想要"变成现实，否则就成为一个纸上谈兵的空想家。所以，工匠必须要有挑战自我和现实的冒险精神，如果惧怕失败，惧怕困难，惧怕流言蜚语，那么"我想要"也不过是一句空泛的口号，会扼杀工匠的创新精神。

　　当一个人习惯于用"我想要"去思考时，他不仅走在了客户需求的前面，还走在了时代的前面，才有资格成为下一个大师。而那些只想着"你需要"的人，迟早会被时代淘汰，因为他们丧失了工匠之魂，迷失了自我，漠视了自我价值，最终被淹没在滚滚前进的时代之中，无法制造出令人咋舌的精品。

2 100 分不敢想，60 分就 OK ？

一位哲人曾说：我从不担心我的理想过高而无法实现，把箭对准月亮而射到一只老鹰，总比把箭对准老鹰而只射到一块石头好。无独有偶，中国也有一句类似的古语：求乎其上，得乎其中；求乎其中，得乎其下。

国外曾经做过一个心理实验：心理学家将自愿报名参加实验的人分成两组，对 A 组提出了一个要求：让他们用两年时间当少年组织的义务辅导员，结果惨遭拒绝；随后心理学家又对他们提出一个相对简单的要求：让他们带一些少年到动物园玩一次，结果有一半的人答应了。接着，心理学家对 B 组直接提出让他们带少年去动物园玩一次，结果只有 1/6 的人答应了。心理学将这个现象称为高门槛效应。

这个世界上不缺完美主义者，或者说我们每个人在骨子里都追求完美。想想你看了电影之后写的犀利点评，想想你对闺密买的新衣服的无情吐槽，再想想你对另一半懒惰地躺在床上时的愤怒眼神……说得直白点，我们都渴望让自己的世界变得"完美"，不仅包括人，更包括我们使用的每一样东西。有意思的是，我们期待那个能变得极致的人总觉得自己已经很"Good"了，我们期待那个能变得极致的东西的制造者也觉得它很"perfect"了。

原来，人们在面对完美这个问题上执行了双重标准，不过似乎有一类人除外——工匠。

工匠未必会使用自己造出的东西，但是每一个具有"工匠"头衔的人，都会对所造之物寄予厚望：铁匠希望自己打造的是绝世好剑，木匠希望自己造出的是御用家具，瓦匠希望自己能造出高屋雅阁……工匠所追求的极致精神，恰好印证了心理学的"高门槛效应"——只有以高标准要求自己，才能保证所造之物接近完美。如果放弃了极致，改成了"差不多"或者"凑合用"，所造之物就会接近废品。闻名世界的奔驰汽车不仅是一部飞快奔跑的钢铁机器，更是一件做工精湛的艺术品，看似简洁的外形下面隐藏的是高精尖的零件组合。奔驰汽车拥有如此精细的制作工艺，对维修保养技师来说需要付出额外的努力。据说，每一个保养技师要经过100个小时的在线培训和1000个小时的面授课程以及五年以上的维修工作经验才能拿到合格证。听听这些恐怖的数字，就能想象出这些技师经历了多么严苛的训练和淘汰，所以他们才能将极致精神毫无保留地应用在一部汽车上。

然而，德国为人称道的制造业并非从一开始就是追求极致的，他们也曾像个混日子的学生，抱有"100分浪费，60分万岁"的平庸者心态，结果遭到了现实的暴击。

1887年8月23日，英国议会通过了一条《商标法》条款：为了将德国货和英国货区分开来，一切从德国进口的产品必须标注"Made in Germany"。因为当时德国人造出了不少质量低劣的产品，根本无法和"日不落帝国"的英国工艺相媲美。在《商标法》颁布后，德国人牢牢记住了8月23日这一天，将它视作"德国制造"的诞生日，把这种耻辱当成奋发向上的动力。从那一天开始，德国人疯狂地追求产品的质量，不达极致不罢休，各行各业都拿出了工匠精神，大到飞机，小到床头摆件，不分贵贱，不看用途，在德国人手中全部变成了精美绝伦的艺术品。经过了一百多年的磨砺，德国人终于在世界上被贴上了"精益求精、严谨务实"的正面标签，即便经历两次世界大战也依然焕发出动人的光彩。

当你不追求极致、满足于"60分OK"时，别忘了有人以100分为目标。

中国的《考工记》中有这样一句话："百工之事，皆圣人之作也。"能把金属锤炼成锋利的刀具，能把黏土烧制成精美的器皿，能把木头做成结实的马车，都源于工匠精神。而工匠精神应当包含两个部分：一个是对产品的各个制作环节都有精心打磨和加工的热情；另一个是要具备持之以恒的耐性和韧性。从这个意义上讲，"工匠精神"以追求精益求精为己任，一个满足于60分的工匠根本配不上"工匠"的头衔，因为他无视身为工匠的基本属性。

中国古语有云："人心惟危，道心惟微；惟精惟一，允执厥中。"简单说，就是从细小之处看到匠心所在，这不仅是一种技巧，更是一种品德、操守和追求。

对企业而言，能够让自己的产品和服务在细小之处看出用心，就是一种追求极致的真实写照。然而在当今这个快节奏时代，能够沉下心塑造细节的人并不容易，很多人都抱着敷衍的心态，看似是一种精明的实用主义，其实是一种对生活、对生命的不尊重。很多人并没有意识到，如果不能将一件事或者一件物品做到极致，往往会带来意想不到的灾难。

在英国流传着这样一首民谣："少了一个铁钉，丢了一只马掌。少了一只马掌，丢了一匹战马。少了一匹战马，败了一场战役。败了一场战役，丢了一个国家。"

这首民谣可不是胡编乱造的。

1485年，英国正处于红白玫瑰决战的重要时期，两军对战之际，英格兰国王理查三世的战马却出了问题——马蹄铁没有钉牢。结果，下盘不稳的理查三世摇晃着从马上掉了下来，虽然没有摔死，却把身边的士兵吓了一跳，整个军队的士气也因此吓丢了。理查三世的军队最终失败，他本人也被对方活捉。可惜当时没有战地记者，不然真应该采访一下倒霉的理查三世：您是否跟铁匠说过马蹄铁差不多就可以了？

理查三世追不追求极致我们不知道，但我们知道他的铁匠绝不是一个追求极致的人，他很可能就是一个以60分来要求自己的"伪工匠"，而正是这种"差不多"的心态，把他的主人送到了战败者的名单里。

如今科技发展迅速，人们的思想观念日新月异，各行各业对人才的要求也越来越高。然而无论是哪一行，作为用人方都希望得到"术到极致"的人才。那些结构复杂、工艺性要求高的行业，更是不敢在产品制作环节上马虎半点，只有真正具备了工匠精神的员工，才能满足企业的发展要求。相对而言，也只有具备了工匠精神的人，才愿意通过制造高精尖的物件来展现他们的技艺，释放他们全身心投入其中的忘我精神。

技到深处，品达极致。想要达到极致，必须要做到专注。不专注于眼前之物，必定会分散注意力。

中国古代有一个叫梓庆的人，能用木头雕刻成悬挂钟磬的架子，凡是目睹成品的人都赞不绝口。一次，鲁侯问梓庆是用什么方法雕刻出这些精美架子的。梓庆说他只是一个普通的工人，并没有什么超凡的技艺，他只是在做工之前斋戒静养，凝神聚气，抛掉了全部杂念，心神就能达到物我两忘的境界，每到这时他进入山林，就能挑选出最合适的木料然后加工制成。

真正的工匠精神，追求的不仅是一种娴熟的技艺，还有天人合一的思维，他们敬畏自然规律，也能够超然物外，所以才能接近至真至纯的境界。

常言道：只要功夫深，铁杵磨成针。极致精神不是一个空泛的概念，而是一种日积月累的历练，更需要一种执着和专注。国外有人提出过一个说法叫"一万小时天才"，意思是哪怕是资质平庸之辈，只要拿出一万个小时努力就能从平凡转变为超凡。想想游刃有余的庖丁和刻木为鸟的鲁班，或许他们并非有多么过人的天资禀赋，但他们一定是将极致精神用于操练中的勤奋者，所以才能成为行业翘楚。

"工匠精神"不是阳春白雪，也不是高山流水，而是一种低调地、耐心地、踏实地追求极致的态度。只有压抑住浮躁的内心，专注于手里的工具和案头所造之物，心无旁骛，物尽其用，才配得上"工匠"这个称谓。

3 工匠精神不是"慢工出细活"

　　德国的科隆大教堂始建于 1248 年，直到 1880 年才正式完工，耗时长达 600 多年。德国人凭借十几代工匠的努力和付出，终于建成了一座近乎完美的哥特式教堂。很多人将科隆大教堂的事例当作"工匠精神"的典型代表，赞颂德国工匠的严谨、专注、耐性以及对上帝的虔诚和敬仰。于是，人们将"慢工出细活"与工匠精神绑在了一起。

　　不知道是否有人想过，如果科隆人需要的是一家酒店，600 多年会不会长了点？

　　当人类进入工业革命时代以后，当蒸汽机被装配到火车、轮船以及生产车间之后，传统手工业面临着被大机器取代的噩梦，资本家们舞步振臂高呼：一个高效率、高精度的伟大时代到来了。然而随着这一声高喊过后，依靠着双手谋生的手工匠人们却抑郁了：他们的"慢工出细活"赢了质量，却输了效率。

　　所幸的是，工匠们没落了，"工匠精神"却在 21 世纪卷土重来，成为无数企业甚至国家政府宣传的伟大精神。可有点尴尬的是，此"工匠精神"非彼"工匠精神"。

　　日本是非常推崇工匠精神的国家，然而日本社会对工匠精神的理解也存在着分歧。在日本进入工业社会之后，人们发现只有那些量产的大企业才能在一次次的经济危机中生存下来，倒闭的反而是那些讲究精工细作却效率低下的小企业。"慢工出细活"没有成为工匠的品牌，反而成了他们的墓志铭。

如今是互联网时代，"快"成为当今时代的特点。依托互联网的互联网思维，其最基本的要求也是快。只有"快"，才能打得对手措手不及；只有"快"，才能迅速占领市场；只有"快"，才能比别人更早获得机会。说到这里，那些高呼"工匠精神"的拥护者可能要一脸黑线了：工匠不就是"慢工出细活"吗？你老盯着"快"是什么意思？

请问，有哪位知名的工匠说过"慢工出细活"？

工匠精神不是靠牺牲大量时间换来的磨洋工似的精益求精，而是能够满足社会基本需求的一种技能和态度，而且随着时代的发展会不断完善自身的概念和内涵。我们推崇的工匠精神应当是被现代理念优化与整合的一种思维方式，并非是历史观念的返祖。互联网时代，企业追求的是创新、缩短开发周期以及让用户更早地接触到新产品，这才是正确的打开方式。没有哪一款产品是完美无缺的，只有尽快投入市场，让用户检验，让产品不断升级换代，才是符合当今市场规律的思维方式。

德国慕尼黑以东100公里，有一个叫作丁格芬的小镇，是宝马集团最大的汽车厂所在地，拥有将近两万名员工，每天能生产1500辆宝马汽车。它之所以有如此高的生产效率，是因为这里分工极细，每一条组装线上都有几十个员工，每一个工位由两到四个人组成，他们能够在五六秒之内安装好汽车座椅，能在两分钟之内为汽车装上底盘和发动机等部件。同时，工厂对安装环节也十分严格，如果有一颗螺丝钉没有拧上或者没有拧紧，整条安装线都要停止。

德国的汽车制造同样是工匠精神的代言，然而我们看到的并不是"慢工出细活"，而是"效率＋质量"完美强合，这证明了在现代社会中工匠也是需要速度的，不然如何满足生产和市场的需求？

工匠精神对现代社会最有价值的启示是：增加对产品的关注度，提高对产品的苛责度，融入个人的真实情感⋯⋯这才是工匠精神最核心的内涵，而不是为了获得一件艺术品耗费几代人的心血。无论是手工生产还是机器生产，工匠和资本家都有相同的目标——让客户满意，而并非让上帝满意。所以，用科隆大教堂的例子去诠释工匠精神，是一种误导。

提倡工匠精神，并非是让大家都去做工匠，而是希望大家能像工匠一样去思考问题。任正非曾经为员工推荐过一篇名为《日本工匠精神：一生专注做一事》的文章，目的是让大家提高对产品的责任心和专注度。虽然机器在某种程度上解放了人们的双手，但人们的思维不能用工厂流水线来替代，依然要回归到产品本身，依然要认真检查每一个螺丝钉、每一个齿轮，具备"工匠意识"。

树立了工匠意识，才能有工匠的技艺，"慢工出细活"只是生产效率低下时期的"工匠标准"，它并不代表着工匠精神的核心。

事实上，在工业化和全球化的浪潮冲击下，一些精巧的手工技术正面临着消亡，比如日本的很多传统手工艺品匠人就在逐步减少，因为他们无法将手中的技艺转化为财富，他们也无法保持质量和效率之间的平衡，处在一种既尴尬又困难的境遇中。2015年，英国的《金融时报》在谈到手工匠人问题时说："这一代的手艺人在不断变老，而年轻人却不再愿意做手工活。"

在这个社会大众普遍浮躁的年代，人们更注重时效性：新闻要有时效才有价值，产品要有时效才能满足市场需求。而且消费者的消费观念也发生了巨大变化，人们对产品的要求更高，而且对产品的更换速度也变快了。你"慢工出细活"地造出一部能砸石头的手机，可消费者只想用一两年；你"慢工出细活"地用一年雕刻一把椅子，然而客户下个月就要乔迁新居，即便人家愿意等，可就在你精雕细刻地做椅子时，社会的主流审美又发生了变化——你制作的雕花椅子被合金钢椅子取代了。"慢工出细活"已经不能满足人们日益变化的消费需求，它代表的只是一种质量至上的偏执生产观，对消费者来说不实用，对企业来说太危险。

曾经对工匠精神定义的投票，大家普遍认同的解释是：一种脚踏实地、精益求精的工作态度，而留给大家选择的"手艺人细心打磨产品"这个选项被无视了。

在德国和日本有着很多百年老店，他们的确都有一种工匠精神：做餐饮的对食材有研究，做机械的对轴承有研究……然而研究归研究，再牛的寿司大师也不能让客人等他研究几天芥末再给客人上菜，再强的机械师也不能不按照订单进度完成。这些百年老店传承的只是工匠精神的思维方式，而非"慢工出细活"这个陈旧的观念，否则这些匠人的后代只能饿死。

很多时候，"慢工出细活"会带来致命的危害。苹果曾经将iPad的后盖打磨工作交给了日本的小林研业，日本人也确实卖力，精选了五个顶级工匠拼命打磨，结果一天只能生产1800个后盖，导致当年的出货量只有30万台，结果苹果只能将订单撤回，交给了轰鸣作响的机器，出货量瞬间飙升到 2249 万台！

　　工匠们追求质量没有错，然而忽略效率的追求就变成了一种偏执。在当今社会，企业也好，技术人员也罢，都要先满足市场、用户群体的基本需要，尊重生产规律和经济法则，不能将"慢工出细活"视为一种一成不变的标准。或许和其他国家相比，国人似乎对 "慢工出细活"尤为偏爱，这大概是国内企业长期注重追求效率而忽视质量的结果，导致人们从一个极端走向另一个极端，对工匠精神产生了误读。其实在效率和质量之间，效率往往更重要，因为质量有妥协的余地，然而时间却无法重来。

4 不是所有具备工匠精神的人都是工匠

工匠精神是源自工匠这种特定的社会职业，但并非具有工匠精神的人就是工匠，这也是当今社会为何不断宣传大家学习工匠精神的重点。即便你从事的只是普通的文职工作，你也可以从工作本身出发，做到细致、极致、优质，这也是在践行工匠精神。

从广义上看，工匠精神代表着一种情怀、一种执着和一份坚守，所以不仅是工匠需要工匠精神，各行各业的从业者也都需要工匠精神。对于不直接从事生产的管理者，也需要工匠精神，这样才能少一些浮躁，多一些持重。

虽然很多人并不能像工匠那样，一生只从事一项工作，但是可以专注于当前从事的工作，保持一种专业、专注的态度，不断强化知识和经验，力争成为行家，这样才能在付出心血的同时收获成就。

从更高的角度看，工匠精神代表着一种开拓精神。在中国工业化初期，大庆工人克服技术落后、条件简陋等障碍，发扬艰苦奋斗的精神，这从另一个角度诠释了工匠精神，而这种精神完全可以用在其他行业中，只要不畏惧艰难险阻，就能横下一条心达成目标。

如今工匠精神的缺失和社会经济发展的大环境有关，但也和人心浮躁、缺乏自律有关。很多人总是急功近利，希望在最短的时间内获取最大的利益，如果不能转变这种观念，无论你是不是工匠，这种想法都会对你的职业造成危害。

当时代需要我们"匠心回归"的时候，不仅需要我们提升产品的质量，更需要我们对工作抱持认真负责和精益求精的态度，这样才能成为恪守职责的人。如今，一些人在工作时抱着得过且过的态度，总是想着投机取巧敷衍了事，却从来不愿意脚踏实地工作，无法将臻于至善的工匠精神融入敬业的态度中，更无法落实到工作的每一个环节中。

或许你不是工匠，但你可以用工匠精神来要求自己。

第一，不必有工匠的娴熟技艺，但需要具有强大的执行力。

很多人在工作中经常陷入"瞎忙"的状态，劳心费力反而效率低下，压垮你的并非是工作任务的数量，而是你没有合理利用上班时间，因为你的执行力不够强。工匠每制作一件产品或者艺术品，都是集中精力完成的，而非单纯地拼命。只有这种专注才能提升效率，也是对工作本身的尊重。盲目加班的行为，其实是在浪费公司的资源，更是浪费自己的生命，所以我们要集中精神，提升执行力，保持积极主动的行动力，而不是被动地做着自己不喜欢的事情。想要又快又好地完成一项工作，就要优化自己的工作流程，让自己的计划和集体完美地契合，这样才能从根本上提升自己的职业素养。

第二，不必有工匠的倾注一生，但需要提升时间管理能力。

时间对每个人来说都非常重要，因为时间构成了生命。时间也是最无情的，不管什么时候，不管你是谁，时间都不会为你停留，它对每个人都是公平的。对于大多数人来说，很难像工匠那样穷尽一生去钻研一种技能，但我们可以提高时间的利用效率。有些人，执行力很强，想到什么就马上去做，但是没有合理分配时间的能力，结果还得用额外的时间去弥补。其实，我们要掌握一些时间管理的技巧，见缝插针，在工作的间隙将一些琐碎的事情提前做好准备，实际操作时就能节约很多时间。

第三，不必有工匠的极致精神，但要懂得劳逸结合。

很多工匠为了追求细节的完满可以投入巨大精力，但是对于普通人来说，有限时间内要处理很多事情，如果每件事都追求极致是很难完成的。既然如此，我们就要懂得节约脑力和体能，也就是劳逸结合，因为过度消耗精力会产生对工作的厌恶和嫌弃，反而起到消极作用，只有懂得一张一弛，才能永葆对工作的热情。

第四，不必有工匠的传承操守，但要学习借鉴经验。

工匠从事的行业，需要几代人甚至几十代人的经验积累，所以不能缺少传承精神。不过对于普通人来说，在知识迅速更迭的今天，传承百年的技能或许不那么实用。我们应当紧跟时代发展的步伐，及时更新知识。但是，想要达到这一点，单凭一己之力很难做到，需要从他人那里借鉴经验，弥补自身的短板，这种横向的传承和工匠的纵向传承有异曲同工之妙，是符合时代精神的学习理念。

第五，不必有工匠的细致入微，但要具有认真的态度。

工匠为了一件完美的产品，常常会死磕细节，但是很多人从事的工作也许是粗略的，无关细节，如果盲目地把精力用在细微之处只能适得其反，所以不如树立认真做事的态度，将有限的精力用在需要重点提升和打磨的环节上，虽然未必能达到至真至善的程度，但总会有量的提升，只要坚持下去或许就能达到质的飞跃。

工匠精神是一种符合大众价值观的精神，它曾经被国人忽视，但如今越来越多的人开始重视它的存在，这说明工匠精神本身具有极高的普世价值，只要认真理解并合理地吸收和消化，即便你不是工匠，也可以成为具有工匠精神的行业佼佼者。因为你已经练就了一颗"匠心"，它是你由平凡迈向优秀的开始。

5 从技能型员工到价值型员工

我们为何要提倡工匠精神呢？这是因为如今很多人在职场上并没有真正发挥自己的才能，也就是说没有树立正确的工作观。

工匠精神的工作观是什么？是对产品的精雕细琢。他们虽然被称为匠人，但匠心却是大师级的，纵观中国古代的著名匠人，比如木匠的祖师爷鲁班、赵州桥的设计者李春等等，他们不仅技术熟练精湛，而且富有创意和突破。而恰恰是创意与突破这些特质，让他们成为流芳千古的名匠。

在职场上，一个员工能否被老板重视，能否被同事尊重，不仅和其自身的敬业态度有关，还和他的职场价值有关。借用当下最流行的一句话就是"不忘初心，方得始终"。简单说，就是一个员工应当在工作上展示出自己的价值，让老板满意，让同事服气，让客户无可挑剔，而这恰恰需要工匠精神的引导。

第一，从工匠精神中学习法则。

何谓"法"，是指工匠所遵守的规则，这个规则主要包括三方面的内容。

其一，知道自己在做什么。

你是一个木匠，你可能要制作一张独一无二的太师椅；你是一个铁匠，你可能要打造一把无出其右的宝剑。作为价值型员工，你必须明确自己的工作目标，要将这个目标融入你的梦想当中，将梦想视为信仰。有人会认为这很"虚假"，其实这是用务虚精神去引导务实作风。现在很多人过于强调生存哲学而忽视了人生信仰，他们做人灵活多变，也懂得见风使舵，可心中总是缺乏对某种事物的热烈追求，当有人问起他们的信仰时，他们很难回答出来。其实，但凡能成就大事的人，心中或多或少都有一个梦想，在梦想的激励下，人们才能在挫折面前勇往直前，攻坚克难。

其二，知道什么才是最重要的。

如果你是一个陶艺匠人，必然知道在烧窑的过程中需要非常小心，火候、时间、用土用料……这些环节稍微出现一点差错就可能导致失败，而这就是当前对你来说最重要的工作。在职场上也是如此，一个员工每天要处理很多工作，几乎每一样都关系到你事业的成败，但在特定时间内最重要的事情往往只有一个，这就是你目标的靶心。只有瞄准这个靶心，才能尽快突破重点和难点，让自己的价值得到最大的发挥。

其三，小事也要做好。

有的人信奉抓大放小的原则，认为只要把关键工作做好了，其他小事差不多就可以了。的确，在时间紧迫的前提下应当先做重要的事，但这并不意味着其他的小事要蒙混过关，它们仅仅是排位靠后而已，当你腾出时间之后还是要把小事做到位，这样才能以小见大、查缺补漏，彰显你的个人价值。

第二，从工匠精神中学习态度。

价值型员工，不仅要在工作格局和工作方法上超人一等，还要学会在态度上提升自我。一个员工的价值想要被他人肯定，就要依靠99%的汗水和1%的灵感，而1%的灵感看似微不足道却至关重要，因为正是这1%才引发了质变。那么，如何实现这1%呢？要对工作拿出最真最纯的热情，这股热情表面上看没有实际价值，但是它能够驱动你在工作中不断探索，因为热爱会让你在工作中找到乐趣，就不会感到枯燥，你也就有了别人不具备的一双慧眼——因为热爱，所以发现。

当你足够热爱自己的行业之后，那就要挥洒出99%的汗水实现目标。这其中主要依靠自律，也就是你如何在工作中发挥执行力的问题。如果一个人灵气很足却十分懒惰，那么他必然会缺乏实干精神。他所拥有的灵感只能慢慢枯竭而不会得到补充，因为他不愿意把时间和精力投入到工作中，这种虚假的热爱，只会让人以敷衍了事的态度去工作，很难在细节中有所发现，自然就失去了一个员工埋头苦干的现实价值。

第三，从工匠精神中学习气度。

伟大的工匠，一定是善于学习的人，他们不仅会锤炼自身的技能，还会从他人身上学习技巧，做到博采众长和与时俱进。同样，一个员工即便再优秀，也很难达到极致完美，依然需要从他人身上学习到更多的技能，如果能坚持向他人请教，就会让自己的技能得到取长补短，最终站在行业的顶峰。

气度不仅包含着向他人学习，也包含着与他人和谐相处，要知道很多工作的完成并不单单依靠一个人，往往是多工种同时协作。就像一座豪华大宅的面世，需要石匠、木匠、泥瓦匠等多人全力配合，如果其中一个人自视甚高，不愿意和他人平等相处，那么这座大宅就很难成为匠心之作。只有放下高傲，以谦卑平和之心与人相处，才能共同建造出雄伟的建筑，而你的价值也会通过其他人的价值间接地体现出来，并体现在团队整体的总价值中。

第四，从工匠精神中学习境界。

工匠是一种职业，它需要赚钱来维持生计，这也是很多工匠不断提升技能的动力，但并非是唯一动力。如果一个工匠只想着如何用技术去换钱，就很难沉下心去钻研技术，因为他的注意力已经被外面的世界所吸引，所以工匠也需要去思考人生。正如高尔基所说："工作是快乐时，人生便是幸福；工作是义务时，人生便是苦役。"

当你认为工作不仅仅是谋生手段时，你才能真正从功利心当中解脱出来，去发现比赚钱更高层次的乐趣，才会把付出看得比索取更重要，才有开悟的可能。因为在锤炼技艺的道路上，人难免会感到孤独甚至痛苦，而金钱并不能帮助你长期维持热度，只有把精神追求放置到物质追求之上，你才能从心态上向大师转变，而不是一个"被雇用的工匠"。

技能型员工和价值型员工最大的区别在于，技能型员工关注提升专业能力，本质上是为自己服务，而价值型员工关注个体价值和团队价值的平衡，从本质上是为社会服务。虽然我们并不提倡盲目牺牲个体利益，但是当一个人从心态、格局、方法和境界上更多地为他人、团队甚至社会着想时，他的价值才有契机发挥到最大，而这正是工匠精神难能可贵的组成部分。

第 三 章

精益求精：成为艺术品的制作者

1 全情投入，钻研自己的手艺

在综艺节目《演员的诞生》的一期节目中，章子怡、刘烨和宋丹丹三位导师让郑爽和任嘉伦即兴表演，然而郑爽不停地笑场，刘烨和宋丹丹在旁边开着玩笑，章子怡始终一脸严肃地质疑，最后把刘烨的鞋扔了出去。因为在她看来，演戏需要全情投入，而不是敷衍了事。

全情投入，是一个人对自己所做之事的最真挚的"告白"，也是工匠精神弥足珍贵的组成部分。

2018年10月24日，修建了近10年的港珠澳大桥正式开通。它是目前世界上里程最长、钢结构最大、施工难度最大、沉管隧道最长、科学专利和投资金额最多的跨海大桥，它包含了很多令人震惊的"黑科技"，比如外海深水超大沉管安装成套技术、海中人工岛快速成岛技术、超长钢桥面铺装技术，等等。这座大桥完美地诠释了工匠精神，而缔造这个建筑奇迹的关键就是，中国人全身心地投入，不计回报率，不在意外媒的点评，把精力集中在如何让桥梁更结实耐用、更科技、更美观现代等问题上。

大国的工匠精神如此，个人的工匠精神亦是如此。有的人起点并不高，但是因为全情投入获得了提升，最终实现了技术和名望上的圆满。其实，在功利心越来越盛的今天，愿意动真情投入到工匠精神中的人实在太少，所以换个角度看，如果你能做到全情投入，你就会在起跑线上超出常人。

有时候，我们看到一个人成功，往往只看到了他埋头苦干的表象，却忽视了他内心似火的渴望，这种渴望不仅是一种情感，更是一种推动着他不断积极进取的原动力。从某种角度看，人的一生就是"动情"的一生。愿意投入感情的人，才有机会成为故事的主角和命运的决策者。

想要修炼好工匠精神，既需要我们拿出无畏的勇气和坚强的毅力，更需要我们付出真挚而热烈的情感。没有谁喜欢枯燥，但全身心投入会让我们找到乐趣，而这才是工匠的乐趣所在。伟大的作曲家贝多芬，是一个不折不扣的音乐巨匠，他的一生伴随着挫折，他双耳失聪，作为一位作曲家和演奏家，这是一种灾难，然而他凭借对音乐的热爱克服了无声的障碍，终成一代"乐圣"。

那些我们尊敬的伟人，他们之所以被人高看一眼，并非只是因为他们出众的能力，更是因为他们愿意对自己从事的工作投入感情，这种感情密切了他们和工作的联系，也由此使他们获得了他人的尊重。很多盲目学习工匠精神的人，往往只是学到了他人的技法，却忽视了他人内心燃烧的真情。他们以为只要熟练地操作这些技巧就能成为大师级的工匠，然而事实上，这种虚假的热情只能帮助他们维持一段时间的努力，当好奇心散去，障碍来临时，他们因为缺少真情，喜欢计算利害得失，而无法坚持下去。

在山西省高平市的小山村，有一个名叫牛生金的铁匠，他的家族世代经营铁艺制作，他从12岁就开始跟随父辈学习打铁，长大后继承了家族的手艺，一干就是60多年，直到退休还乡后依然做着铁匠活。无论刮风下雨，他都坚持制作锄头、铁锹、镰刀这些农用工具。即使每一件产品付出很多却利润微薄，牛生金还是不愿意放弃这门手艺，对他来说，打铁不只是一种谋生的手段。他之所以坚持了一生，是因为在父辈们的教导下热爱上了铁匠这个身份，所以才为之全情投入、不计回报。

这个世界上，没有哪一种工作是轻松的，如果只是抱着混口饭吃或者玩个开心的心理去做，只能做到皮毛。因为技艺的参悟不仅需要时间积累，更需要情感共鸣，这是一种人与物之间的特殊连接。虽然物品没有生命，但它们遵循着客观法则，而这个法则只适用于那些乐于付出真情和精力的人，其他人永远只能徘徊在门外。

日本"经营之神"稻盛和夫说过：工作最重要的目的在于通过工作来磨炼自己的心志，提高自己的人格。磨炼心志的最终目的是什么？是全身心投入进去，让思维、身体、情感等组成部分开动起来，这样才能真正达到聚精会神的程度。

古语有云：诗品出于人品。工匠的伟大之处在于，能够赋予物体生命，而这个赋予生命的过程就是投入感情的过程。一个人仅仅会熟练使用双手，只能让物体成为一个精致的物体，只有在动手的同时动心，才能让物体变成精致的生命。我们常说某个设计有温度感，其实也是从侧面证明产品中凝聚着工匠的心血。

日本有一个绰号叫"煮饭仙人"的老人，年纪八九十岁，他用尽一生的时间只做一件事：煮米饭。不过他煮饭和别人不同，他从来不用高压锅而是用煤气炉子，他经过几十年的研究发现，不同的米配合不同的水浸泡，会煮出千百种不同的味道。而在煮饭的过程中，老人对每一个步骤都有着极其严格的时间限制，所以他煮出来的米饭被称为"银饭"，想吃到一碗很不容易。

穷尽一生去做一件事，常人都容易感到枯燥甚至厌烦。但当你投入了真情之后，你会把这项单调的工作融入你的生命之中，在建立了这种连接之后，你会进一步发现其中的奥妙，也才有机会成为更高层次的大师。

为什么说工匠精神是一种情怀？这个"情"字非常重要，它是一种朴素的人对物的感情，是人和世界有效联动的枢纽。因为人不能直接去改变世界，需要借助工具和资源，而当工匠面对着冰冷的原材料时，就需要用真情把它转变为一个生命体，实现生命与生命的对话。工匠们在这个交互的过程中看透物品的本质，发现并总结出宝贵的经验，最终提升自己的技艺，成为某个物品、某个行业的最佳诠释者。

2 忠于内心：在工作中获得参与感和成就感

世界知名设计师扎哈·哈迪德，是一位极富个性的女性，她有一句名言是："我不相信和谐。什么是和谐？跟谁和谐？如果你旁边有一堆屎，你也会去效仿它，就因为你想跟它和谐？为什么你要去跟很糟糕的东西和谐呢？"尽管她的作品经常存有争议，然而她的设计风格却独树一帜，她坚持自己的审美理念，给世界带来惊喜和惊艳，最后也让不少人改变了对她的偏见。

哈迪德忠于内心的工作态度，让她成为设计领域的能工巧匠，也引发了人们的思考：工匠精神的内核是什么？

内核自然是匠心。正如人们常说的"匠心独具"，其实就是对工匠的最高评价，因为这代表着工匠把内心修炼到了最高境界，他在制作产品的过程中找到了成就感，真正融入进去，将热情、技艺、产品以及客户需求连成一体。

匠心是什么？是纯粹把事情做好的欲望。匠心并不只属于工匠，而是属于每一个认真对待工作的人。匠心的闪耀之处，不在于是否有高超的手工和技艺，而在于是否有服务客户、服务社会大众的责任心。有了匠心的人，才能让工作的每个细节都经得起时间和市场的检验。换个角度看，匠心是一种黏合剂，它能够让工匠从单纯的劳动者变成产品的一部分，而这正是一颗匠心最执念的部分——参与感。

一个人只有感受到自己参与到某项工作中，才能真正发挥出自身的实力。小米手机让用户加入到设计团队之中，自然会增加他们对小米这个品牌的热爱，也会强化用户和产品之间的关系。同样，工匠也需要通过参与感来密切自身和产品的连接。和小米的参与感不同，工匠需要自主去寻找参与感，而不是通过他人赋予。

匠心的修炼，应该是从心开始，然后才是技术层面，最后升级为"道"的高度。简而言之，一个人可以在开始时缺乏专业技能，但是他必须把自己想象成一个合格的工匠，这样才能参与到产品的制作过程，凭借一腔热血和时间的积累锤炼技能。

匠心的修炼，其实就是寻找整体感觉的训练。人的思维有一个特点是，喜欢把简单的事情复杂化，也喜欢把事情局部化最后回归整体。所以，一个人不能急于成为工匠，而是要先专注于内心的感受，忠于内心的想法，建立一种整体的美学价值，作为一种"软件"驱动，这很像是习武之人从心法开始学习一样。

在修炼匠心的阶段，参与感是最强大的指引力量，因为在掌握技能的过程中必然会遇到很多障碍，如果工匠不能把自己和产品融为一体，而是仅仅把自己定位为一个雇佣工人，那么他就很难在内心形成强大的动力去克服困难，只会把自己当成一个旁观者，也就失去了向更高层级提升的机会。

参与感能够让工匠保持高度的热情。人的热情往往会随着时间的推移减弱，对于一个拿钱干活的人来说，支撑自己劳动到最后的信念就是"我能赚回多少钱"，这种想法会让人逐渐丧失完善工作成果的可能。而如果一个人考虑的是手头的工作能够帮助自己提升多少技能或者能否传递一种美学价值，这才最接近工匠精神，如此他就能以饱满的热情领会工作的本质。

如果说参与感让工匠和工作紧密地联系在一起，那么成就感则是让工匠提高自我价值的关键。

任何行业，从业者都要从初学者做起，在这个学习阶段，模仿是非常重要的。只是对一些人来说，模仿是一种枯燥的重复性行为，很难产生兴趣，那么与其把自己定位成一个学徒，不如视自己是工作的组成部分：你模仿的动作是为了让自己的专业技术更娴熟，让产品变得更优质。在建立这种良性认知的基础上，一个普通的从业者才能真正打开技能世界的大门，才会心甘情愿地吸收来自外界的信息和知识，逐渐提高对事物的控制水平，最终掌握独具的技能。

参与感能让人忍受各种不适，成就感则会让他们找到真实的自我。因为每一个想要成为大师级工匠的人，心中总会有着各种信仰。"技"和"道"相比，"技"只是一个初级阶段，只有上升为"道"，才能最终达到匠心独具的水准。在这个阶段实操，单单依靠参与感是不够的，还要用心学习和开悟，寻找成就感。

成就感不是指你赚了多少钱或者得到多少荣誉，而是在工作的过程中实现自我提升，这才是激励一个人奋发向上的核心动力。想要成为行业内的大师，就必须以大师的标准来要求自己；想要制作完美之物，就要给自己设定苛刻的要求，要求越高，在你达到要求之后的成就感就会越大。

魏源说过一句话："技可进乎道，艺可通乎神。"意思是当某一种技艺达到巅峰后，想要更进一步就属于"道"的范畴了，这就是"庖丁解牛"的那种境界，也是匠心独具的外在状态。对大多数人来说，只要掌握了"技"就能获得安身立命的资本，而"道"对很多人来说并没有实际意义，所以受制于现实因素，不少技能娴熟的人浅尝辄止，在修炼了足以谋生的技能之后就不再研习"道"的深度。之所以会出现这种心态，是因为他们未能在工作中找到成就感——它不是物质形式的回报，也不是外界的认可，而是来自内心。

成就感是一种心理状态，是一种自我价值的认同，它和外界的现实成就并不具备可比性，所以我们需要忠于内心，排除外界的干扰，每每扪心自问：到底是一份工作赚来的钱能让我满足，还是获得一项技能、经验更重要？

想要达到匠心独具的程度，一个人容易变得固执，因为匠心需要专注，这就会消耗大量的时间，失去与外界沟通的机会，所以顶级的大师们往往是很孤独的，无论他们取得何种突破，都不会有现场观众，这时就需要他们建立一种自我评分机制：完成这个我给自己打多少分？下一次我还可能提高多少分？这就是成就感建立的雏形。

忠于内心，就是尽量隔绝外界的世俗观念，让一个立志成为工匠的人沉下心面对自己和工作，这样才能确保他们心中最宝贵的东西不被干扰，才有机会聆听内心的真实声音，按照自己设定的高度攀爬，在相对孤独的道路上实现自我价值。

3 完美，就是不断地自我校正

在我们身边生活着一种俗称"完美主义者"的人，他们事事力求完美，不允许出现一点瑕疵，他们并不觉得这是一种负面特质，甚至有的人在自我介绍的时候会说，自己最大的缺点就是追求完美。其实，这种人的完美情结并非不可理喻，从某种程度上讲是一种朴素的工匠精神。

完美的最终目的是什么？并非是为了让别人看来觉得很美丽，而是通过追求完美来校正自己，提高自己的专业技能，磨炼心志，提高审美水准……一个连完美主义都要鄙视的人，不可能成为优秀的工匠。

一般来说，工匠的完美主义情结体现在三个方面。

第一，亲力亲为。

对于工匠来说，完成一件作品需要投入自己全部的精力，是不能依靠他人来完成的。而且工匠应当相信自己并坚信自己的想法是正确的、自己的能力是最强的，这并非自大，而是一种自信，也是要求自己卓越的驱动力。

第二，容易动怒。

动怒并不意味着脾气不好，而是对作品的苛求，如果达不到这个指标就会产生负面情绪，而这种情绪是完善自我的动力，一个对不完美无动于衷的人，只能说对自己的要求还不够严格。

第三，不易满足。

或许对其他人来说，容易满足是一件好事，但对工匠来说，容易满足却是平庸的开始，很难让他严格要求自己，自然就无法达到技艺的最高水准。

著名导演斯坦利·库布里克执导过很多出色的影片，被称为"令自称完美主义者无地自容的艺术家"，他的名作《闪灵》中，曾经为得到一个满意的镜头拍摄了127条，甚至动用了宇航镜头，目的只是为了营造出烛光照明的良好效果。同样，乔布斯也是一位天才型的完美主义者，他会不断修改产品的模具，力求每一个细节都挑不出瑕疵，因为在他心中，苹果要生产的不仅仅是电子设备，还要创造出改变世界的艺术品。

对于大师级的工匠来说，他们都有一套完美主义的准则，这套准则促使他们不断追求完美，成就自我。

第一，不断校正目标。

因为追求完美，工匠们才会在完成一个小目标之后确定一个新目标，在这个循序渐进的过程中不断提升技艺。一个人如果缺乏对完美的执念，就很容易在一个小目标完成之后以为自己达到了一定高度，眼界变得狭窄，自我修炼的能力也会变弱。

莱特兄弟在研究飞机的时候，经历过无数次的失败，而且他们没有雄厚的资金来源，也没有专业人才的支撑。与他们相比，同时代还有一个叫兰利的人，他有着可观的资金赞助和众多的帮手，然而却缺乏追求完美的精神，对待发明工作态度也不够坚定。结果，莱特兄弟在一穷二白的背景下不断改进设计图纸和飞行方法，最终在 1903 年 12 月 17 日成功起飞，而兰利却在同一天辞职了。由此可见，没有追求完美的精神做校正，一个人即便拥有再优质的资源也会难以成功，因为他们会轻易迷路。

第二，不断释放潜能。

越是对完美有执念的人，越能够"折磨"自己，这种态度会让他们变得非常自律，能够看清自己身上的优势和短板，这就相当于提升工匠自身的钻研能力。

本杰明·富兰克林是一个非常自律的人，也是一个完美主义者，他在年轻时确定了一个目标：克服所有坏性格倾向。当然这不算什么，拿到今天也不过是一个键盘侠的自我修养标准。但是富兰克林有严格的计划书，他给自己列出了 13 个性格的修炼计划，包括节制、守秩序、勤俭、真诚，等等。为了达成目标，富兰克林每天晚上都进行自省，如果犯了一种过错就在对应的栏目里记下一个黑点，一直坚持下去，到最后富兰克林果然成为一个性格上基本无缺陷的人。他释放了身上的潜能，最终成为美国历史上第一位享有国际声誉的科学家和音乐家。

第三，不断试错并改正。

工匠的自我提升之路不可能是一帆风顺的，可能存在着对自己的错误定位，所以大胆的试错是必要的，它虽然会让人付出一定代价，换来的却是正确的前进方向。

据说马云当年去肯德基应聘，一共有 25 个人参加面试，结果 24

个人被录取，唯独他被淘汰。后来，马云以 4.6 亿美元霸气收购了中国地区的肯德基业务，可谓扬眉吐气。马云曾经在哈佛商学院的大讲坛上激情演讲，然而十几年前，在他申请去哈佛商学院求学时却被拒之门外。试想一下，如果马云不懂得试错而是固执地应聘肯德基，还会有今天的阿里巴巴吗？对完美的执念并非是不能接受失败，而是寻找能让自己展现出完美天赋的事业，所以即便是有完美主义情结的人也会懂得知难而退。

第四，不断增强责任感。

因为完美主义情结会让工匠对工作要求很高，所以就有了很强的责任感，在他们看来这是不能推脱的义务，他们只有付出更多的精力才能实现自己设定的苛刻要求。

2018 年，陕西的一家医院有位心胸外科医师连续工作了 19 个小时，成功抢救了一位大出血的病人，然而在手术快结束时这位医生突然晕倒在了手术床旁，经过其他医护人员的抢救后总算脱离危险。虽然这种拼命工作的态度并不值得推广，但可以看出该医师对工作、对自己的严格要求，这种责任感让他像铁人一样战斗，而这正是工匠精神中不可或缺的部分：对技艺负责，对作品负责，对用户负责，对社会负责。

即便是最优秀的工匠，也不能确保每一个作品都能尽善尽美，但是他要在内心树立完美的标准，这样才能促使他朝着这个目标而努力，如果因为不易实现完美就轻易妥协，等于背离了工匠精神的宗旨。

一个人不论做什么，只有具有完美主义情结，才能集中精力在自己感兴趣的工作上，从一个新手逐渐历练为高手，从养家糊口的低级目标转向实现自我价值的高级目标。而且，这种对完美的执念可以把一个人变成"纠错机"，影响到身边的人同样以严肃认真的态度面对工作和生活，形成良性的工作氛围，把工匠精神传播得更远。

4 从追随者变为领导者

对于心有大志的人来说，成为领导者是人生的巅峰，因为只有处于这个位置才能真正实现某些理想和抱负，而如果你一直是一个追随者，实现的不过是别人的梦想。当然，领导者的定位不是狭隘的，未必要管理多少人的团队才是领导者，也可以是单枪匹马却能带动某个行业的风向变化，而这也是一种工匠精神。

一个优秀的工匠，需要对自己的工作和产品负责，而不是把自己当成一个打下手的辅助性角色，这样的定位很难集中注意力，也很难建立起责任感。工匠的自我价值不是亦步亦趋地跟在他人身后，而是懂得如何引领潮流，这样才有机会成为大师。归根结底，工匠要具有创新精神，用想象力和创造力去激发他人的心智，改变一个行业甚至一个时代。

英特尔公司就是擅长做领导者的国际型企业，它通过开放式创新，充分利用外部资源推动创新。据统计，英特尔赞助了500多所大学，还将其开放性合作实验室安置在相关领域的大学周围，虽然这些实验室的所有权归属英特尔，但是研究的环境却十分开放，甚至一些项目也是公开的。英特尔在这些实验室中汇集了顶尖的研究人员，同时吸纳了大学里的科研人员，让他们聚集在一处，交换思想。通过这些创新孵化器，英特尔整合了创新资源，获得了一大批专利技术，成为行业的开拓者和领导者。

创新的最大障碍是什么？是传统、固化的思想观念。工匠虽然每天都做着重复性的工作，但这也是一个悟"道"的过程，如果能用心领会，总能找到一些具有时代价值的创意。简而言之，想要从追随者升级为领导者，就要具备行业带头人的思维方式。

第一，以客户的体验为基准。

你想为客户提供某种产品或者服务，那就要了解客户的真实需求，而非只是为了某种功能性体验，这种花哨的创新不仅不会让你成为领导者，连合格的追随者都算不上，因为这种"引领"和时代的发展背道而驰，陷入到了盲目创新的陷阱之中。

"创新陷阱"是近几年比较流行的一个概念，是指个人或者企业在发展中对创新活动存在错误的认识导致发展受挫的现象。结合工匠精神来看，要想避免"创新陷阱"，就要掌握足够的专业知识和科学创新能力。

2007 年百度成立了电子商务事业部，准备以 C2C 为突破口建立一个中文互联网领域最具规模的个人交易网络平台。2008 年，"百度有啊"正式上线，声称"三年内打败淘宝"。然而在 2011 年就宣告关闭。失败的原因有很多，但最重要的一点就是没有给用户提供实质性的新体验，只是简单地创造了另一个"淘宝"，掉进了"创新陷阱"之中，违背了工匠精神。

第二，掌握核心技术。

技术并不一定是成功的王道，但缺乏核心技术会拖慢你成功的步伐。华为曾经提出"深淘滩，低作堰"战略，意思是在最困难的时期也要锤炼技术，不能为了节约成本而忽视技术的重要性。对于工匠精神来说也是如此，不管存在着多大的困难，也不能放弃磨炼技术的要求，这是保证你跟上时代、超越同行的关键。

鲁班是中国古代著名的土木建筑工匠，也是一位杰出的发明家。相传他发明了云梯、战舟、磨、碾子等工具，极大地提高了古代工匠的工作效率，也提高了物品的质量和美观度。据说有一次，鲁班和其他一些工匠奉命建造一座规模巨大的宫殿，然而当宫殿建造到一半时却发现木料不够用了，眼看着交工日期渐渐临近，工匠们只好放下手中的活儿去山上采集木料。然而斧头伐木速度很慢，这让鲁班十分发愁。于是，他就迫切地想寻找可以替代斧头的工具。一天，鲁班去山上采集木料时摔倒了，他的手被身边的一棵小草划伤，鲁班这才发现这种草的叶子边缘长着又尖又细的齿。鲁班忽然意识到，如果用锯齿形状的金属伐木，效率可能会提高，于是鲁班发明了锯，提高了伐木效率，提前完成宫殿的建造任务。

锯的发明，虽然只是从形态上创造了一种新型的切割工具，但从当时的科技水平来看，这是一种核心技术的创新，直接提高了行业乃至整个社会的生产效率。

第三，从最简单开始。

工匠的创新可以从一个小的突破开始，也就是我们所说的微创新，它是从工作中长期总结或者偶然发现的小突破，不求高大上只求接地气，能够让用户看到诚意，也能让同行发现其良苦用心。只要经过一段时间的积累，小突破也会升级为大转变，改变一项工作的效率甚至行业的格局。

1987 年，小孩手中发亮的荧光棒，引发了两位美国邮递员科尔曼和施洛特的思考：这东西能在什么地方派上用场呢？很快，他们将棒棒糖放在荧光棒的顶端，让光线穿过半透明的糖果呈现出奇幻的效果。尽管这是一个很小的发现，却让两人兴奋不已，申请了发光棒棒糖的专利并卖给了开普糖果公司。随后，他们继续"胡思乱想"：棒棒糖吃起来比较麻烦，可否加上一个自动旋转的小马达呢？很快，他们发明了旋转棒棒糖，投入市场之后，在短短的六年间卖出了 6000 万个。随后，他们又将旋转棒棒糖的技术转移到电动牙刷上面，卖出了 1000 万把。后来，他们进入了大名鼎鼎的宝洁公司，获得了 4.75 亿美元的收入。科尔曼和施洛特的淘金之路从一个微小的创新开始，并没有什么科技含量，然而他们充分利用市场上的空白，抓住创新带给他们的契机，成为领导者。

一项伟大的技术革新，只有将其主要功能发挥到极致并将其推到行业标准"代言人"的位置上，才能产生更强大的驱动力，而这正是人们推崇工匠精神的重要意义之一。从追随者升级为领导者，不仅意味着地位发生了变化，更代表着目标和责任感的变化，这种变化会促使人进一步激发潜能，带动时代的发展。

5 和手上的工作较真

在生活中，我们总喜欢把人吹毛求疵或者热衷于抬杠的行为称为"较真"，虽然有时候他们会让人反感，但仔细想想，如果缺少了这种较真之心，马马虎虎地对待工作，只能给他们自己和身边的人带来更多的麻烦。

一个不愿较真的工匠，不是一个好工匠。同理，一个对待工作不吹毛求疵的人，也很难达到一定高度。

瑞士手表为何能够驰名世界？是因为制表匠对每一个零件、每一道工序、每一块手表都精心打磨，不允许出现一丁点的瑕疵，这就是典型的较真。较真不是强迫症，也不是过分的完美主义，而是对质量的精益求精和对创造的一丝不苟，这是一种信仰层面的追求。只有在细节上下功夫，才可能把手头的工作做好，才可能创造出经典的佳品杰作。那么，我们该如何利用"较真"来完善自我呢？

第一，需要较真的态度。

态度决定一切，在你正式开始工作之前，首先要心怀"挑刺"的态度，对每一个可能影响整体的细节反复推敲，不能抱有侥幸心理——认为这一点小瑕疵，并不影响整体。的确，很多小细节不会让成品变成废品，却能让佳品降级。而且，当你抱着差不多就行的态度面对工作时，你会从放过一个小问题开始，变成放过两个小问题乃至三个小问题……当小问题越攒越多时，成品的质量就可能从量变引发质变，不断下滑。

第二，需要较真的勇气。

仅仅端正工作态度是不够的，因为态度只能让你知道该怎么做，却无法让你在遇到困难之后坚持继续前行。在工作中，较真意味着自己给自己找麻烦，或者是跟别人过不去，如果你怕麻烦又不想承担任何后果或者害怕得罪人，那么当你较真一两次之后，就会因为担心被人指责而不敢担当，有了第一次就会有第二次，当你习惯向问题妥协时，你就会善于给自己开脱，就逐渐失去了解决问题的勇气。

第三，需要较真的习惯。

如果你仅仅是想要较真的时候去较真，那么很可能会遗漏一些细节，因为人的思维都是有惰性的，也容易被固化，有些小问题可能会习以为常，被人视作是合理的存在，这就需要你带着较真的习惯去看待工作中的每一个环节和组成部分。养成了习惯，就能促使你形成"较真思维"，你会从工作中的一个小问题开始，逐步升级为对抗大问题和关键难题，这种习惯会督促你不断提高专业能力，较真的习惯与较真的能力相匹配，正是工匠精神要求的工作作风。

德国哲学家费希特在谈到德国人的民族性格时说："我们必须严肃认真地对待一切事物，不可容忍半点轻率和漫不经心的态度。"显然，德国人的"工匠精神"中就包含着较真的元素，他们喜欢追求极致，惯于用精益求精的态度去追求完美，所以才有了经历多重考验的成功之作。

在德国，曾经有人提出过一个没有深度的问题：为什么自行车不会倒？如果换作在其他国家，人们大概会敷衍地回答甚至嘲笑提问者，然而德国人的较真思维不允许他们这么做。很快，德国一个广播电台专门为此录制了一期节目，让德国明斯特大学的一位教授用学骑自行车和幼儿学步的平衡性做了对比，同时还详细讲述了自行车的功率、动力构成以及风阻影响等问题，最后通俗易懂地给出了解答：自行车在活动时通过车把来调节方向，加上人体自身的平衡能力，所以才会让自行车在行进中不会倒下。

正是德国人的这种较真精神，才有了晶体管计算机、安全气囊、保温瓶这些伟大的发明。较真精神无论对提问者还是对回答者都有重要意义：提问者真正了解了自行车保持平衡的原因，解答了心中的疑问，在获取知识的同时提升了思维能力，对其日后的工作和生活都有很大的帮助；回答者做出解答，一方面强化了自身的知识储备，同时也面向社会大众科普了力学和人体生理学方面的知识，对开启民智、增强民族对知识的渴求度都做出了贡献；广播电台通过组织节目，提高了收听率，也形成了尊重知识和科学的文化氛围……一个看似幼稚的问题，在较真精神的影响下，可以从客观上推动德国整个民族对待工作的专业态度。

较真精神的原动力，在于认识自身缺陷。一个自视甚高的人，绝对不会有较真的态度，因为他自认为是完美的，那么自己所做的工作也是没有缺憾的。德国人之所以能拿出较真的态度，是因为德国经济的支柱是中小型企业，这些企业生产的产品并非是"大制作"，要想脱颖而出必须让它们从细节上成为优质的产品，所以德国人对手中所造之物的苛求度超过了其他国家。

德国一家生产工业风扇的小企业，为了能够让风扇运行的噪声降到最小，竟然专门建造了当时最先进的、能够听到自己心跳的静音实验室。这种几乎不计成本和回报的行为，换作在其他国家很可能会被嘲笑，然而正是这种较真的态度，才让德国造的产品具有世界市场竞争力。

中国有一句古话叫作：技可进乎道，艺可通乎神。只有拿出较真的态度去工作，才能获得提升专业技能的机会，才有缔造完美产品的可能，才会从思维意识层面推动人们对完美和极致的追求。如果你养成与问题较真、与自己较真的思维模式，就能凭借它让你的职业前景和人生道路获得更光明的未来。

第 四 章

严谨：不断留意自己犯错的可能性

① 必须意识到他人对自己的托付

有一群猎人在森林里打猎，一个年轻的猎手和队伍走散了，一群狼发现了他，紧追不舍，猎手很害怕，最后爬到一棵树上大声呼救。群狼紧紧地围在树的周围，不断向上跳跃，它们不想放弃近在眼前的食物，年轻的猎手感到绝望。到了晚上，一位带队的老猎人发现有人失踪了，就下令队伍返回寻找，但是有人提出反对意见："都这么长时间了，他很可能已经被野兽吃掉了。"然而老猎人马上让他住嘴，带着大家继续寻找。终于，猎人们来到年轻猎手被围困的那棵树旁，消灭了狼群，年轻的猎手获救。有人问老猎人："是什么原因让你坚定地回来找他？"老猎人说："这个年轻人的父亲托付我要照顾他的儿子，我发了誓，无论死活都要把他带回来。"

人是社会性的动物，人和人之间总存在着情感、利益、承诺的关系，这些关系是我们看待问题和处理问题的基础，也体现了我们是否具有强大的责任心。

人性存在着怯懦、懒惰和自私的一面，这无可厚非，但如果不用外力进行控制的话，这些负面因素会逐渐扩大，影响到人性中纯真的一面。对于工匠而言，用户、雇主的托付就是工匠的责任，所以他们应当把"诚实做人，用心做事"当成岗位准则。

当你从事着一项比较枯燥的工作时，需要一个强大的外力督促自己，这个外力就是他人的托付，它意味着你不仅要保质保量地完成工作任务，还应尽可能地做出选择和突破，用精益求精的态度面对，这样才不会辜负他人的信任，并且树立自己的口碑。

卓越的工匠从来不把自己当成是机械重复的工作者，而是把自己看成是满足用户需求的"第一责任人"，因为他们知道用户需要的产品只有通过他们的头脑和双手才能完成。这正体现了工匠技术价值和创意价值，如果不能完成这个目标，工匠就愧对他的职业定位。

德国制造的汽车发动机，在世界范围内好评如潮，人们甚至给它贴上了"靠谱"的标签。它为何能获得如此高的赞誉呢？事实上，发动机的制造并不困难，但要把性能优化成市场竞争力，就需要制造商在前期积累大量的实验数据、市场和用户数据，在这个问题上，德国人向来不敢马虎，总是能够做到最全面、最细致，所以才能制造出最符合用户需求的产品。这种从用户角度出发的态度，就是认真对待他人托付的实践。

认真对待托付，需要工匠拿出虔诚的态度。在德国，职业教育的核心就是：一丝不苟、按操作规程办事。因为他们知道，用户和市场对他们抱有很高的期待，所以在生产制作的过程中，必须严格执行作业流程，不能抱有投机取巧的心理，更不能简化作业流程，而这就是对工匠精神高地的坚守。

工匠技艺的发展，其最终目的是为了服务用户，所以它必须以满足用户的现实需求为出发点，而不是给用户制造麻烦，更不是制造噱头，这样才是对用户负责。一个产品想要真正打动用户并成为他们工作和生活中的组成部分，就要站在对方的角度思考，这是工匠在动手之前不能忽视的问题。

合格的工匠，能够成为用户的"贴心设计师"，能够将手中的技艺和实用主义完美地融为一体。

2017年，华为的P10手机上市之后，成为三星S8的有力对手，然而很快有人吐槽P10，说这部手机没有设计疏油层，是华为的严重失误，然而真相是疏油层只有几毛钱的成本，华为没有加入这个设计是为了防止疏油层的AF涂料改变电系数，从而影响到指纹识别功能。由此可见，华为在做手机设计的时候，真正考虑到了产品的使用功能与使用体验，这就是意识到用户对自己的托付。

在设计产品或者服务时顺应用户的使用体验需要，坚持精品战略和工匠精神，这样才能真正打动消费者。想要让用户体验到产品的诚意，只能以精耕细作的踏实态度去打动用户，这才是不辱使命，对他人负责的责任感。即便你的工作和设计产品无关，仅仅是重复性的，那么你也同样有责任把重复的工作做好，这是你的分内工作，它无关创意，却关乎职业道德和行业口碑。

想要不负他人的托付，在思考问题时需要从理性的角度入手，进行缜密的分析和论证。摩托罗拉曾经是最具有创新精神的企业，也是大国工匠精神的实践者，然而随着自身地位提高，摩托罗拉从服务用户走向了技术崇拜，不再为用户的实际需求考虑，而是盲目投资了"铱星计划"——由77颗近地卫星组成的星群，让用户从世界上任何地方都可以打电话。这个计划看似很伟大、很奇妙，然而设计出的手机个头笨重，运行不稳定，价格昂贵，还无法在室内和车内使用，让用户大失所望。最终计划失败，给了摩托罗拉致命一击，使之从兴盛走向了衰败。

伟大的工匠要学会用辩证的态度思考问题，从技术和需求两个角度去审视正在制作的产品，才能找到一个清晰的前进方向，否则就是在浪费自己的时间和精力，也是在消耗用户和市场的期待和热情。简而言之，认真对待他人的托付，就要对客观规律、生活逻辑以及人情世故心怀敬畏，而不是为了炫技制造无用之物。

2 事物的价值就摆在那里，但我们缺乏挖掘它的能力

"千里马常有，而伯乐不常有。"这是被很多人认同的一句话。其实，这句话也适用于创造性的劳动中：优质的原材料有很多，但是懂得加工的人并不多。很多人劳心费神地想要成为顶级工匠，却不懂得识别手中的原料，一旦遭遇失败，就会甩出"工欲善其事，必先利其器"的话，推脱自己没有掌握最优的资源。

事实真的如此吗？

想想和氏璧的故事可以发现：如果缺乏识别万物的眼光和加工的能力，一块世间罕有的玉在普通人眼中不过是破烂石头而已。造成这种情况的原因在于，很多人缺乏挖掘事物真正价值的能力，也就很容易和成功擦肩而过。

一个工匠要找到发挥自身技艺的原材料，不仅需要独具慧眼，更需要心灵手巧。同样，一个人想要做好一件事，首先要有做好它的能力，而这就涉及一个重要内容：自我管理。

历史上诸多伟人，比如拿破仑、达·芬奇、莫扎特等，他们都是各自领域的顶级工匠，同时也是善于自我管理的人才，自我管理的成功从某种程度上决定了他们人生的高度。对于我们这些普通人而言，因为天赋有限，更需要通过自我管理发掘潜能，这样才能在"和

氏璧"摆在我们面前时拥有开发它的信心和能力。对此，我们要弄清四个关键问题。

第一，你的优势和短板分别是什么？

很多人仅仅知道自己善于做什么，却不知道自己不善于做什么，这样的认知模式会让我们忽视自身的短板。因为只有当你知道自己不善于做什么时，你才能明确要做最擅长的事。一个味觉不灵敏的人，即便嗅觉再出色，做品酒师也是不适合的，而如果去制作香水，优势得以充分发挥，劣势也显得无足轻重。

了解自己的长处和短板，才有掌握一门技术的可能，才能最大限度地挖掘事物的根本价值。对此，我们可以采用"回馈分析法"：当你决定做某项工作时，先写下自己对此事的预期，过了一年之后再拿结果和预期进行对比，如果差距太大，那很可能意味着你的资质和能力不适合这项工作，不妨换一个新领域。在这个比较分析的过程中，你要明确两个问题。

第一个问题——结果和预期的落差是否因为自己没有强化长处造成？如果答案是肯定的，那么你不妨重新制定一个试验期限，强化优势。如果结果还是不令人满意，那么基本上可以证明你的优势和工作不能很好地结合。

第二个问题——是否存在着不良习惯？如果你能肯定工作结果不让人满意是因为工作方法问题，那就要纠正错误习惯，比如懒惰、被动思维、守旧观念，等等。坏习惯可能会抑制你的优势发挥，你就要重新测试一次，看看在方法得当之后长处是否能促进工作圆满完成，如果不能，就要考虑寻找一个新方向。

将预期和实际结果进行比较，你就会发现自己存在一窍不通的领域，在这些领域错误地投入精力和时间会浪费我们的生命，因为你的基因、思维方式和实操能力与之并不匹配，远不如选择自己擅长的领域。

第二，你的工作方法怎么样？

有的人善于分析自身的长处和短处，却忽视了自己的工作方法是否科学合理，其实方法比习惯更重要，它能够决定我们的工作效率。每个人的工作方法都不同，这和习惯无关，而是由人的个性决定的，比如性情急躁的人喜欢简单直接，性格缜密的人喜欢事前推演，性格反复无常的人喜欢用不同的方法工作……方法不同，结果也不尽相同。要想弄清自己的工作方法，首先要准确分析自己的性格，也就是心理学上的"人格"。

艾森豪威尔担任欧洲盟军最高统帅时，新闻媒体很喜欢他，因为他的记者招待会别具一格，无论记者提出何种问题他都能对答如流。后来他成为美国总统之后，当年喜欢他的记者反而讨厌他了，认为他很少正面回答问题而且语无伦次。为什么会出现这种落差？是因为艾森豪威尔在"二战"期间回答记者提问前，助手事先给他提交了记者的提问大纲，这样他能从容作答。在艾森豪威尔成为总统之后，参考了前任总统罗斯福和杜鲁门的经验——现场回答记者提问，然而从人格划分上看，罗斯福和杜鲁门总统属于"听者型"，擅长即兴发挥，而艾森豪威尔属于"读者型"，缺乏现场发挥的能力，所以才导致了媒体对他失望。

通过自我管理发掘潜能，要了解自己的方法是否具备应对挑战的能力，如果不能就要尝试改变工作方法，否则会给自己和他人制造很大的麻烦。

第三，我的学习方法是怎样的？

每个人的优势，既有先天因素也有后天因素，而学习就是弥补短板和强化优势的重要途径，一个掌握了正确学习方法的人，才有机会掌握新的技能，才具备了挖掘事物价值的资格。有的人善于记忆，能够用现有的知识去解决问题，有的人善于分析，能够从实际出发解决问题，这就是不同的学习方法带来的差别。当然，学习方法不是唯一的，我们应当选择适合自己的。

英国前首相丘吉尔喜欢依靠写东西来强化记忆，而当时学校并不提倡写而提倡听，但丘吉尔依然坚持用写的方法来学习知识，最终提高了学习成绩。由此可见，了解自己的学习特点、选择适合自己的学习方法并坚持下去，对于我们学习知识和技能尤为重要。没有这个积累过程，我们纵然有很高的热情也无法挖掘事物的价值，因为我们自身的价值还未被完全开发。

第四，你的价值观是什么？

价值观决定了我们对待事物的根本态度，比如一颗钻石，可以用来制作玻璃刀，也可以用来制作戒指，你倾向于切割还是装饰就决定了钻石的应用价值。所以，价值观对挖掘事物的价值极其重要，也是自我管理的核心。

美国曾经有一个迅速发展的教会，它衡量工作成绩的标准是招收了多少新教徒，因为在管理层看来，人越多教会就越壮大。和它同一时期的另一个教会则不同，他们关注的是新教徒的精神成长，因为这代表着他们对上帝的忠诚度。从表面上看，第二个教会发展规模肯定不如第一个教会，但从长远来看，第二个教会吸纳的教徒十分虔诚，因为他们会从内心深处将基督教当成终生的信仰。

自我管理是我们挖掘事物价值的前提，也是铸就工匠技能的基础。一个不懂得利用自身长处去工作的人，自然也无法发现工作的乐趣，更难以掌握高效的工作方法。因此，坚持自我管理是修炼工匠精神的准备工作，其包含了我们的态度、方法、观念等多维度的成长。当你练就了够硬的职业技能之后，才真正有资格去开发事物的潜在价值。

3 找到值得你用心雕琢的"木料"

"工欲善其事，必先利其器"。工具对工作而言至关重要，同样，原材料好坏是成品的优劣的关键，正如人们常说的"有时选择比努力更重要"，一个优秀的工匠也不该去碰"朽木"。这是一种职业准则，也是一种人生智慧，如果盲目地把有限的时间、精力和热情浪费在无用之物上，也不会有精品的诞生。

学会选择正确的"原料"，首先要具有怀疑精神。

有一次，古希腊哲学家苏格拉底在上课的时候拿出一个苹果，让学生们闻空气中的味道，马上有一位学生说他嗅到了苹果的芬芳。苏格拉底走下讲台，拿着苹果慢慢地从每个学生面前走过，让大家都仔细闻闻空气中是否有苹果的香气，有将近一半的学生举起了手。后来苏格拉底又问了相同的问题，这一次只剩下一名学生没有举手，其他的人都认为自己闻到了苹果的芬芳。苏格拉底问那位没举手的学生，难道真的一点气味也没有吗？学生十分肯定地说没有。这时，苏格拉底感慨地向大家宣布，他拿着的是一个假苹果，根本不可能发出香味。

这个怀疑苏格拉底的人就是柏拉图。

只有怀疑，才能让我们知道自己从事的工作是否有实际价值，缺乏独立思考能力的人很容易陷入冲动和盲目的工作状态中。那么，如何选择值得付出努力的"木料"呢？

第一，从市场需求出发。

工匠不能一味地为满足市场需求而迷失自我，同样也不能完全无视市场而闭门造车。当你准备"雕刻木料"之前，首先要考虑这项工作是否符合市场的要求，如果违背了时代的潮流而又缺乏足够的信心去引导市场的话，那么继续做下去只能是南辕北辙。

从1995年开始，史玉柱依靠巨人汉卡发家，然后修建了著名的巨人大厦，还成立了服装实业部、化妆品实业部等十几个业务部门，可以说是跨界之王。然而这种多元化投资的弊端终于在1996年爆发出来，当时史玉柱因为投资过多过滥已经囊空如洗，商业帝国梦彻底破碎。为了了解自己究竟错在哪里，史玉柱找人把报纸上关于他的负面文章都集中在一起，然后一篇篇地看，试图了解别人对自己失败原因的分析，哪些文章骂得越狠，他看的次数越多，为此他还专门组织"内部批斗会"，让别人向他发难。最终，史玉柱总结经验教训，谋划了新的创业计划，带着2.5亿的债务，凭借脑白金重出江湖，赢得了10多亿的利润。史玉柱懂得及时止损，懂得去满足市场需求的变化，这才找到了为他带来转机的"木料"。

第二，从自身出发。

不值得雕琢的木料，未必是废品，也可能是并不适合你。而是否适合的标准在于，你能否驾驭得了它。一个工匠的生命有限，精力也有限，所学的技能不可能是万金油，必然有最适合发挥的领域，这就需要你认清自己，将技术最大化发挥和"木料"最大化应用结合在一起，这样才有机会创造出佳作。

李开复写过一本书叫《做最好的自己》，在书中他提出一个问题：如何打造一个最好的自己呢？答案是要找到最适合自己的事，因为只有选择最适合自己的东西才能做到极致。对每个人来说永远存在选择的机会，然而最好的机会往往只有一次。因此在做出选择时不要总想着做最能带来成就感、最光鲜的事，因为看起来好的东西未必是值得你雕琢的"木料"，很可能会增加你失败的概率。

第三，从环境出发。

工匠的技术是否能够得到认可，一方面源于技术本身，另一方面也受到大环境的影响。比如巴里黄檀木，虽然是一种很有潜质的木材，可以取代大红酸枝木，然而由于人们对它的认知度较低，所以在木料市场上长期不温不火。如果工匠选择这样的木料去展示技艺，很难得到认可，这就是受环境的影响。工匠不是神，要遵循客观规律，要了解大环境对自身价值的影响，这是找到值得雕琢"木料"的前提。

当年阿里巴巴壮大之后，有人建议马云转变思维，和国际上的电子商务巨头角逐国际市场，然而马云认为时机还不够成熟。他说eBay是大海里的鲨鱼，而淘宝则是长江里的鳄鱼，让鳄鱼在大海中和鲨鱼搏斗结果可想而知，最聪明的做法是把鲨鱼引到长江里来。事实上，早在阿里巴巴成立之初，不少人就对公司的经营发展模式展开过讨论，马云认为传统的C2C模式对阿里巴巴发展不利，因为一些国际电子商务巨头已经将这个模式发展成熟，阿里巴巴很难瓜分到蛋糕。于是马云首创了B2B模式，为阿里巴巴立足获得了可靠的市场资源，在竞争激烈的电子商务市场中杀出了一条血路。

第四，从前景出发。

有些工作在某个时期是热门的，但没有发展前景。如果一个工匠在这样的"木料"上消耗太多精力，即便在经济上获得了回报，制作的产品也会因为时代的发展被遗忘。

曾几何时，小灵通火爆市场，当时的中兴和 UT 斯达康等企业抓住了这个商机，赚得钵满盆满。然而当时的另一个巨头华为却按捺不动，将有限的资源投放到当时几乎无人知晓的 3G 技术上，这是因为任正非以敏锐的眼光洞察了小灵通暗淡的前景：它不是炫酷的黑科技，也代表不了通信产业前进的方向，而 3G 才是时代需要的主流技术，迟早会被消费者和市场接受。后来的事实证明了任正非决策的正确性，华为也因为选对了"木料"成为世界主流的通信科技企业。

资源有限，精力有限，但人的思考维度是无限的，这包括如何认识自己，也包括如何认识行业、市场和用户，更重要的是如何认识自己手中的"木料"。好的"木料"能够给予工匠最大限度地发挥自我价值的空间，而错误的、坏的"木料"则很可能会让工匠的才华、热情、操守付诸东流，淹没在时代发展的浪潮中。

4 从错误中学习，才会离心中的影像更近

　　每个人都害怕犯错，因为犯错会让人付出代价，但人不可能不犯错，很多宝贵的知识和经验都来自错误，正如爱迪生在发明钨丝电灯前做了一千多次试验一样，是错误纠正了他探索的方向。可惜的是，有人为了降低犯错的概率，坚决不做没把握的事情，这样一来，成功率上升了，然而创新率也大幅度跌落。

　　犯错不可怕，可怕的是担心犯错而不去犯错，把自己封锁在保守的区域中。畏首畏尾的态度，会让你距离心中的目标越来越远。

　　美国密执安大学的韦克教授曾经做过一个有关蜜蜂和苍蝇的试验，他把六只蜜蜂和六只苍蝇各自放在玻璃瓶中，然后将瓶子平放，瓶底朝着窗户，结果出现了差别：蜜蜂总是在瓶底上找出口，直到精疲力竭而死；苍蝇则会在两分钟之内从另一端的瓶颈逃走。为什么会出现截然相反的结局呢？因为蜜蜂非常喜欢光，它们会本能地认为出口就在光线最明亮的地方，这是符合蜜蜂的思考逻辑的，而玻璃瓶并非是自然之物，超出了蜜蜂的认知范畴，所以才导致了最终的失败。和蜜蜂相比，苍蝇的智商更低，它们也没有任何关于世界的逻辑，只是一股脑儿地乱飞，结果误打误撞找到了出口，获得自由和新生。

　　在现实生活中，有的人就像蜜蜂一样，有一定的专业知识和经验，

建立了属于自己的思维方式，但是他们不敢试错，只愿意凭借自己认定的逻辑体系去做事，结果反而不如那些知识和经验都低于自己的人，因为人家喜欢没头脑地尝试，结果意外地找到了成功的新诀窍。

人生道路，往往是三步一个坑、五步一个坎，小心谨慎一些没错，但是谨慎过度往往一步都迈不出去。害怕犯错，从根本上背离了我们的初衷：我们想要一条船，造着造着发现龙骨不合格，于是就去掉了龙骨改造一艘小驳船，这就是放弃了最初的目标，自己败给了自己。

敢于试错，就是能够正确面对和接受失败，是一种积极思考的方式。它能让我们在面对困境时保持乐观的心态并努力寻找成功的办法，是冷静的思想配合理智的行动，有助于我们从失败的阴影中走出来。换个角度看，接受失败就会避免一条道跑到黑的执迷不悟，能够让人从颓败的结果中走出来，正视自己的不足并加以改正。不从思维方式入手破除短板，人就无法提升自我，成功只会可望而不可即。

"励志大师"拿破仑·希尔说过："世界上没有任何人能够改变你、打败你，除了你自己。"一个人如果乐观地接受失败并敢于进行下一次挑战，他就已经成功了一半。

当我们在抱怨失败对我们的伤害时，其实忽视了它带给我们的经验和教训。其实，我们遭遇的挫折并不是负担，而是我们生命的一部分。我们每个人的存在价值和人性光辉，往往都要通过接受失败来体现，否则就不会有下一站的成功。

经历失败后，有的人意志消沉，认为自己时运不佳，有的人则看到了希望，认为自己找到了成功的方法，有的人开始堕落，认为自己能力不够，无须再奋斗了，有的人至此游戏人生，认为成功与失败都无所谓了……之所以产生如此不同的态度，原因就在于对失败的认识不同，或者从情感上感到了恐慌，或者从认知上产生了偏差，所以才会有千差万别的态度。

济南有一家航空工业研究所，曾经有团队专注研究叫作预浸料的特殊材料，它是飞机雷达天线罩成型用的特殊材料，相当于"雷达眼睛"的护目镜。由于这种材料自身的反应活性和批次差异，每一次制作和加工的结果都会有所差异，这个科研团队为了获得宝贵的数据，不断进行试验，经过无数次的试错之后才找到了生产加工的正确方法，这其中工匠的试错精神起到了重要作用。

善于从错误中学习，本质上是一种乐观主义的态度，它能够帮助人们从错误和失败中汲取教训并由此看到未来的希望，这种希望会变成对技术提升的期望。很多人之所以恐惧失败，是因为失败让生活少了一份轻松，但是失败也让我们少了很多浮躁，增加了思考，加深了对生活的认知与理解。只有善于从失败中学习的人，才能发现被人忽视的知识和经验，才能有锤炼技艺的本领和契机。

任正非在《从泥坑里爬出来的人就是圣人》一文中指出：人无完人，不要怕犯错误，只要善于自我批判，承认并改正错误，不断自我超越，就是好干部，就可以成为圣人。一个有志于实现目标的人，会给自己预留出犯错的时间和空间，因为这是他们改进工作方法、寻找新的切入点的良机，更是客观认识自我的根本，只有通过犯错才能激发人自主学习和超越自我的热情，这就促使他们离目标越来越近。

有的人不仅害怕自己犯错，还担心队友犯错，所以设定了极端严格的惩罚措施，虽然队友和自己都不犯错了，却永远失去了在错误中成长的机会。事实上，每个人的一生中都会不断遭遇挫折和失败，只要坚信自己有能力克服，虽不至于一定会成功但至少会提高成功的概率，这才是试错最大的价值所在。想要成为一名工匠型的优秀分子，未必一定要犯错，但绝不可有怕犯错之心。

5 厌恶那些虚有其表的工作

人们常说，一千个读者就有一千个哈姆雷特，工匠精神也是如此。工匠精神是一个能够从多种角度理解的概念，不同的行业有不同的定义。但无论怎样解读，它都是存在于工作的每一个环节中，奉行市场和用户至上的原则，重视工作成果的细节和自身技艺的精益求精，是一种追求完美和极致的工作理念，是对工作孜孜不倦地追求和反复推敲的态度。

诚然，因为从事的工作不同，工匠精神不会有恒定的标准，但是就某些工作来说，即便你怀有工匠之心，练就了工匠之技，也很难让工匠精神在实践中得以磨炼。正如一部分人的观点：中国企业和德国、日本、瑞士的这一类具有工匠精神代表的企业相比，很难发扬工匠精神，因为国内的企业文化并不追求精益求精，而是奉行"能用就行"的实用主义原则，这种现状阻碍了中国发展智慧产业以及向产业链高端进阶的道路。

更令人尴尬的是，中国古代的工匠精神，仅仅是体现在流传的故事之中，极少存在于某个品牌当中，即便留传下一些如瑞蚨祥、稻香村等老字号，也很难发扬壮大，反而还面临着后继无人的情况，更有美誉度下降、悄然退出历史舞台的事情发生。

在山西省高平市的方村，有一家"王氏祖传打制银锁"的老字号，其祖辈几代人专注制造"生命锁"——代表着中国传统民俗中对健康长寿的希望，是极具华夏文化特色的银制品工艺。为了精雕细刻，王家几代人都把生命锁当成家族传承的法宝，然而随着人们观念的改变，对生命锁的需求越来越小，整个银制品的市场也走向低谷，这种特色的手艺能否传承下去已经成为现实问题。

老字号的工匠制作为何会出现这种尴尬的局面？原因是多方面的，但比较突出的一点是，很多传统的手工制造已经失去了发扬工匠精神的条件，脱离了市场大环境的需求。

德国的精密机械和瑞士的名表，这些行业诞生了不少工匠品牌，它们属于高消费、高档次的产业，即便是日本的一些美食类工匠，其价格也并不便宜，人均千元人民币的消费让多数人望而却步。正是有了利润空间，制作者才有大把的时间和精力去精益求精。对比之下可以发现，像生命锁这种售价不高、市场狭小的产品，再让匠人们精雕细刻做出精品，投入和回报已经严重不成正比了。

当我们期盼着工匠精神在各个行业生根发芽的时候，我们也要理性地认识到，我们是否给予了这些"工匠"生存和发展的可能，或者我们自己选择的岗位是否真的能发挥出工匠精神。如果没有认清这个问题，纵然耗费多年的光阴也达不到最初的目的。

不客气地讲，一切有悖于发扬工匠精神的工作都是虚有其表。

第一，薄利多销、重量不重质的工作。

既然工匠精神是用户至上，那么首先要弄清用户是否愿意接受高质高价的产品或服务。如果你从事的是奢侈品的设计和制造，那自然不用考虑这个问题，因为你的用户决定了你必须以工匠精神为他们提供产品。可如果你面对的是低消费人群，还幻想着发挥工匠精神，那么你提供的产品或者服务自然不是对等的，你只能吓跑用户。同时也无法提升你的专业技能，因为你所在的市场决定了销量的重要性而非品质的重要性，你让一个卖鸡蛋灌饼的摊贩追求品相、色泽和工艺美化度，那么需要多长时间能做出来一份？一份要卖多少钱？还会有人买吗？

第二，缺乏工匠文化支撑的工作。

有些企业只是盲目地喊出了推崇工匠精神的口号，然而企业文化却是一切向钱看齐，并不重视技术和经验的积累，也不重视用户体验，在这样的企业文化氛围中，你要是真的以工匠精神来要求自己，老板迟早会把你开除掉。因为你的工作节奏和同事、团队甚至整个企业是脱节的，就好比在生产流水线上，上一道工序在组装外壳，轮到你打包装的时候，你却在研究如何打出艺术感，这种低下的效率只会拖延其他工序的工作进程，纵然你对产品包装有独到的理解，可英雄无用武之地，长此以往只会消耗你的热情，也不会被团队所看重。

第三，缺乏制度保障的工作。

俗话说"慢工出细活"，想要把产品或者服务做精做细，势必要投入大量的时间和精力，这就会降低工作效率，如果你所在的岗位对效率有硬性要求却又提倡工匠精神，那么你也很难在实操中发扬工匠精神。甚至你的收益会因为这些硬性要求而减少，即便你制造出了精致的产品也会为此付出高昂的代价，时间一长，你就会失去足够的动力和信心。比如，你是一个负责设计低档餐馆打包盒的设计员，无论你怎么用心雕琢打包盒的外壳，都不会拉动销量，因为你面对的用户群体对美的要求很低，你额外的精力投入只能损害你自己的利益。

工匠精神要想得以存活，除了立志成为工匠的人的主观努力之外，也需要一些客观存在的土壤，因为这是支撑匠人专注匠心磨砺的外部保障，缺失了基本保障，人就很难专注于眼前之事。当然，我们很难改变我们的工作环境，但我们可以选择我们工作的岗位，当你意识到工匠精神受到阻碍时，不可犹豫，大胆地寻找一个新环境，别让徒有其表的岗位压抑了你精益求精的工作态度。

从大环境来看，当前中国还处于经济转型的时期，虽然一部分中国人的需求结构正在从低级向高级的方向转变，却还没有真正形成拉动所有行业发扬工匠精神的内在力量，反而促使一部分消费者强化了对国外产品的需求。不过，随着经济的发展和人们消费意识的更新，对工匠精神的追寻也会逐渐找到落地生根的途径，因为工匠精神代表着一种高尚的职业操守，这对于任何行业和企业来说，都有重要的意义。

6 注意那些被忽视的东西

雷军说过一句话："工匠精神就是看不到的地方也要做精致。"的确如此，工匠的过人之处在于能看到他人无法看到之物。一件产品，看不到之处虽然不影响用户体验，但对产品的完成度却至关重要，因为这代表着工匠对产品是否高度负责。即使是和产品无关的简单工作，能够把细节做到位也是一种成功。

日本前邮政大臣野田圣子，从刷马桶开始做起，做到了极致，极致到什么程度？她刷过的马桶能够从中接水饮用。当然，真的有人需要借助马桶来喝水吗？肯定不需要，但这代表着野田圣子将刷马桶这份工作做到了极致，这源于工匠的强烈责任感。

很多人懂得做好细节，而被忽视的东西也是细节，它处于一种灰色地带：既可以证明工匠的态度和技艺，也可以被完全无视，能否认真对待，在于是否真的拥有一颗匠心。那么，做好被忽视的事情有何意义呢？

第一，将死磕精神发扬到底。

死磕摆在明面上的细节，这只是工匠的粗浅本领，死磕被人忽视的细节，才是从内在提升工匠之力的关键。很多人喜欢关注的细节是自己能够驾驭得了的，而被忽视的细节是不容易驾驭且回报较低的，所以才选择性失明。一个有大格局的工匠，必须敢于"找碴儿"，敢于挑战自我，敢于把自身的技艺提升到炉火纯青的地步。这就需要有化解困难的信心和能力，而这些被忽视的细节就是练手的最佳机会，所以不能把它们看成是一种负担，而应当把它看成是超越同行的契机。

试想一下，当别人把功夫都做在表面上，而你还在和细节较真，这看似很傻，却能提供给你一个提升自我的新机会，如同游戏中的"刷副本"一样，能够给予你更多升级、爆装备的机会，何乐而不为呢？而且，敢于发扬死磕精神，也在客观上增强了自己的勇气，它会帮助你形成一种积极的工作态度，使你日后在面临棘手问题时也不会畏惧和退缩，因为你早已习惯了和难题对抗。

第二，养成"慢工出细活"的习惯。

同样做一项工作，有的人很快能完成，但是却敷衍了事，有的人进度很慢却稳扎稳打，这是因为后者要处理很多问题。打个比方，同样擦一间屋子，懒惰的人只会擦干净明面上的灰尘，而勤劳的人会把边边角角都擦干净，虽然从大体上看两个人的清洁成果相差无几，但随着时间的积累，懒惰者遗留的灰尘死角会越来越多以至于难以清洗。所以，愿意付出时间去处理被人忽视的细节，就是在培养"慢工出细活"的工作态度，它能让一个人抛开功利心去践行工匠精神。

著名谍战小说家麦家，用多年的时间完成了一部小说《解密》，广受好评。可就在这时，图书市场风向发生了变化，很多读者更喜欢快节奏的故事，麦家的创作理念也被动摇，用了三个月就写完了一本小说《刀尖》，本以为能广受市场欢迎，结果却因为创作得太过仓促留下很多硬伤，最终成为他作品中的败笔。由此可见，不管市场如何变化，贪多求快只能让事物粗制滥造，这也并非是消费者的本意。一个创作者如果被这些外界因素干扰，就会丢掉工匠精神，制造出次品甚至废品。

第三，间接培养创新精神。

创新从何而来？从别人看不到的地方而来。那些被人忽视的东西，往往隐藏着创新的可能。同样都是咖啡连锁店，星巴克能够为顾客提供手机无线充电服务，还能凭借数字化去招揽顾客，更推出了网上订购早餐、午餐、晚餐以及特色小吃等服务，而星巴克的同行们却忽视了这些细节，自然就缺少了竞争力。因此，敢于直视被人忽视的细节，就是打破惯性思维、与时俱进的开始。

时代在进步，工匠的头脑也要被武装，那种满足于现状、得过且过的态度，只会给自己埋下隐患。回顾一下多年前畅销的凤凰冰箱和黄山电视机，如今不复存在，而同样是老牌子的百雀羚却走出国门，这取决于对细节的关注度和创新度，其生命周期就有了天壤之别。

第四，正视自我。

很多时候，人们看不到某个细节是因为自知无法完美解决，加之对整体影响不大，所以就不愿意花费时间和精力去解决，这其实是一种逃避心理，是不能正视自身能力的表现。古语有云："以铜为镜，可以正衣冠；以史为镜，可以知兴替；以人为镜，可以明得失。"挑战被人忽视的细节，就是挑战别人不愿意面对的难点，这是一个检验自己能力的机会，或许你会挑战失败，但只要敢迈出第一步，也就有了下一步，你才能比别人更接近工匠精神的内核。

著名理论物理学家杨振宁，刚到美国时主攻的方向是实验物理，这是一种大胆的尝试，因为实验物理对个人的综合能力要求很高。然而经过一段时间的实操，杨振宁发现自己这方面能力不及他人，但他也没有放弃，他坚信自己的物理天赋能够在物理学界干出一番事业。经过筛选，他最终选择了主攻理论物理并获得巨大成就。杨振宁发现了自己在理论上的优势和实验中的短板，正是因为看到了曾被自己忽视的能力细节，帮助他找准了人生方向。

对怀有工匠精神的人来说，能够让自己的产品和服务在细小之处被看到其用心，就是一种追求极致的实践。然而在当今这个快节奏时代，能够沉下心雕琢细节并不容易，很多人都抱着敷衍了事的心态，看似是一种精明的实用主义，其实是一种对生活、对生命的敷衍和不屑。从这个角度看，工匠精神就是要从同行不屑一顾、用户毫不在意的细节入手，锤炼高超的技艺，铸就坚韧的匠心，才能超然于众人。

第 五 章

你的态度，超越了事情本身的意义

1 真正吸引人的不是有前途的工作，而是实践本身

我们生活的时代是追求"钱"的时代，眼界狭窄的人只盯着钞票，眼界深邃的人会盯着前途，这两种思想就形成一种观念：前途＝钱途，有发展前景的工作才是最吸引人的。

如果以入世的眼光看，这种观念并没有错，但如果你想沉下心去磨砺工匠精神，这种观念就会害了你。

合格的工匠应当具备何种素质？在工作中熟练无误，这是完成了"工"，追求精益求精，这是"匠"，只有"工"而没有"匠"，那和一个只会执行程序的精密机器没什么分别；只完成了"匠"却不能把"工"做到极致，顶多是一个空想家。"工"和"匠"是互相依托而存在的，那么如何实现同步发展呢？实践。

只有在具体的实践中，人才有提升技能的机会；也只有参与了实践，人才有触发灵感火花的可能。工匠的价值不在如何造梦，也不在如何传授技艺，而是在实践中挖掘自身的价值。那么，实践对工匠精神有何积极意义呢？

第一，保持热情。

很多人在选择工作时，看重的是薪资待遇、人脉资源和时代需求，这些并没有错，可有些人却将全部注意力都集中在这些外在因素上，

而忽视了选择工作的初衷是进行实践。一个不能安心进入工作状态的人，很难真正热爱自己从事的工作。没有热爱也就失去了激情，就失去了点燃灵感的可能，即便发展前景良好，也只是被客观环境推动着，并没有从自身做起，获得匠技和匠心的同步升华。只有饱含着激情和热忱，人才具备了激发潜能的机会，而这种潜能会帮助你超过平庸工作的人。

热情就是工匠的情怀，是人们对事物怀持的或投射在事物之上的崇高的精神力量。只有坚持实践，才能让这种正能量旺盛并持续燃烧，才能感染更多的人去追求工匠情怀。如果只习惯于空谈，这种情怀只是触不可及，而且空洞和脆弱，所以必须依靠真刀真枪的实干去强化情怀，发自内心地热爱所选择的事业。

第二，延续使命。

工匠精神的第一要义是继承，没有继承就没有发扬，继承是学习匠技的基础，也是修炼匠心的前提。一个不懂得吸收前辈技艺的工匠，等于从零开始，必然会走弯路，也无法树立起传承技艺的责任感。当然，传承不是用嘴说说就能办到，需要在实践中不断温习，才能领会前辈们是如何锤炼技艺的，当你把传承工作做好之后，思路自然打开，就能体会到工匠精神的意义所在。

工匠的使命感，需要通过"匠行"来深化，而匠行指的就是工匠的行为和行动，工匠精神从来不是一个热点或者时尚，更不是被舆论玩弄的标签，它是脚踏实地的和根植现实的，只有在匠行中锻炼技艺，才不辱"工匠"二字。日本的"寿司之王"小野二郎，为何在90岁高龄仍然亲手制作寿司呢？为何不选择退休颐养天年或者专注于传授徒弟呢？这是因为如果脱离了实践，"寿司之王"也可能跟不上时代的发展和变化，使命感自然也就无从谈起。所以，匠行就是使命感存活和延续的动力。

第三，提升学习力。

只有通过不断参与实践，工匠才能在既掌握理论知识的同时又强化实操能力，而这就是培养学习力的唯一途径。人不能仅仅把学习看成是一种兴趣，更应该把它看成是一种需求和责任，没有实践的学习都是纸面上的，无法真正帮助一个人从幼稚走向成熟。学习力很难通过一朝一夕的激情去培养，而是在经年累月的实践中获得。

学习力是保持匠心之美的关键，匠心之美是精巧奇妙的心思，是工匠独有的创新能力，一个不懂得汲取营养的工匠，即便天赋再高，也容易灵感枯竭，所以必须通过实践去强化学习力。古语有云："运用之妙，存乎一心。"这个"心"是要在运用之中保持的，而运用就是实践。疏于实践的工匠，迟早会沦落为平庸之辈，因为他们丧失了学习力，只懂得重复前人的技艺，失去了创新的欲望和能力。

第四，修正目标。

当你摊开一张图纸研究如何做好一件产品时，由于还未曾实践，很多想法可能是不成熟的甚至是错误的，这就需要通过实践来验证。而且，停留在图纸上的初始目标，未必是你最终要达到的，它可能错误地估计了你的优势，也可能放大了你的短板，只有实践才能检验你的个人价值是否和终极目标相匹配，这也是衡量你工作能力的标准。工匠精神包含了目标宽度和高度：宽度决定了你能做多少事，高度决定了你能把事做得多好。在拓展宽度和高度的过程中，人总是难免受到外界的干扰，内心也可能会被动摇，如果从实践中停下来，这些干扰因素会产生负面影响，所以实践不能中断，因为这是在坚守对目标的执着。

第五，坚持操守。

工匠的操守就是工匠精神的灵魂，可以看成是职业道德，也包含了个人品德，品德从何而来？当然离不开实践。一个整天迟到早退的员工，可能是模范标兵吗？古语有云："才者，德之资也；德者，才之帅也。"想要坚守德和才，就要以行动来证明，而这也是工匠精神的支柱。如今我们推崇的大国工匠们，无一不是常年奋战在工作岗位上的，比如我国的大飞机首席钳工胡双钱，虽然住在 30 平方米的斗室里，却坚持用 30 多年的时间，创造出加工数十万个飞机零件无次品的奇迹，这就是通过实践来践行工匠操守的典范。

工匠精神是工匠经过长期职业实践才养成的良好职业素养和职业品质，它是优秀文化的凝练，是铸就工匠核心精神的内在逻辑，也是引导人们从平凡走向卓越的精神资源，而实践就是促使这些闪光点照耀世界的根基。没有实践的工匠精神，就是枯萎的、无力的和虚假的。

2 无论你是引领者还是被引领者，你都将得到磨炼

如今社会上存在一种鼓吹天才的倾向，认为某某人天赋异禀所以战无不胜，与之相对应的是不屑于认真做手头的工作，因为这些工作"配不上"自己。显然，如果你是天才，你可能会成为一个大师级的巨匠，是引领者；如果你不是天才，你可能只是一个普通的学徒，是被引领者。巨匠和学徒，二者的社会地位明显不同，人们更愿意幻想自己是一个引领者。

这种心理能够追根溯源，在我们的学生时代，很多老师都会对家长说这样的话："你孩子不笨，就是不用功读书。"其实这是老师安慰家长的话，但很多家长却误解成这是在夸耀自己的孩子有天赋，只是不够努力而已。而天才和努力相比，显然前者的价值更高，因为天才是你无法凭主观争取到的。

不过有一个事实我们必须承认：天才是少数的，大多数人还是被引领者。但是，这并不意味着被引领者就没有资格去实践工匠精神。

美国有一个女孩名叫玛莎·斯图尔特，她出身贫寒，10 岁起就靠当保姆补贴家用，15 岁的时候因为容貌出众成为时装模特，19 岁的时候就出现在香奈儿的舞台上，还被评选为"全美十大最佳着装

大学生"，她凭借优雅和精致成为美国高端生活方式的代名词，得到不少人的追捧和羡慕，却因为股票纠纷锒铛入狱，人生跌入谷底。在监狱里，玛莎被分配去打扫卫生，这和她之前的生活简直是天壤之别，但是她没有懈怠，也没有绝望，而是以做明星的劲头去做清洁工，把监狱里很多又脏又乱的地方清扫得一尘不染。在玛莎看来，她清理的不仅是地板，还有自己的心。后来玛莎出狱之后，依旧笑容满面，人们从她身上看到了她对工作的忠诚和对人生的坦然。

有的人排斥工匠精神，是因为他觉得成为一个纯粹的引领者并不需要掌握某种专业的技能，只要懂得管理，懂得人情世故就可以了。其实，工匠精神磨炼的不仅仅是技术，更是一个人对待生活的态度。以玛莎为例，她并非是真正的工匠，但是她以工匠的态度去完成清扫工作，得到了社会的认可，更帮助她找回了重新面对生活的勇气，这种态度对于任何人都是有意义的。

日本经营四圣之一的稻盛和夫在其著作《活法》中写道："人哪里需要远离凡尘？工作场所就是修炼精神的最佳场所，工作本身就是一种修行。只要每天努力工作，培养崇高的人格，美好人生也将唾手可得。"

工匠精神就是高尚的人格，它能让一个人肩负起责任感，能让一个人提升意志力去对抗生活中的挫折与不幸。

如果你是一个引领者，工匠精神可以帮助你修炼三方面的素质。

第一，格局。

一个人只有沉下心去做某件事，才能逐渐接近事物的本质，如此也就有了通观全局的能力，如果只是敷衍了事，就不会看清它的全貌，自然也无法指导和引领他人。格局就是工匠精神的顶层设计，它是超出技术和专业范围的一种开阔性视角，拥有开阔格局的人，才能凭个人能力去改变行业甚至整个社会。

第二，气度。

当你都能把扫地当成一项事业去做的时候，你的气度就已经超出他人了，因为在你眼中，没有什么事情是高贵的，也没有什么事情是低贱的，你都会为了做好它而去努力。抛开私欲杂念，这种气度能够让你包容一切，对引领者来说这是组织和凝聚一个团队的重要素质，同时也促使一个引领者吸引更多优秀的资源。

第三，眼力。

一个引领者本身可以不具备过硬的专业素质，但是他必须具备识人用人的本领，而这就是一种眼力，眼力是在不断和他人打交道的过程中锻炼的，是一种重复性的社会行为。不愿意耗费精力去反复做事的人，很难拥有选拔人才的能力，自然就建立不了优秀的团队，也就难成大业。

如果你是一个被引领者，工匠精神能够帮你提升三方面的素质。

第一，职业操守。

很多企业把敬业视为选拔人才的首要标准，一个人如果对从事的工作没有职业操守，那么就很难安下心去做事，会受到外界因素的干预和影响，结果是工作没有做好，也没有为自己找到更优的选择。而工匠精神就是教人坚定对职业的信念，一头狠扎下去，在千锤百炼中提升自我。

第二，职业韧性。

一个人如果经常性地换工作，那么就很难积累起专业技能。总是处于学徒的状态，面面俱到却样样不精，即便这是个需要复合型人才的时代，不具备精进技术的人也无法被企业重用。因此，一个人要对自己选择的职业有信心和信仰，可以试错，可以重来，但不能频繁地更换，这是在摧毁自己未来发展的前景。

第三，职业潜力。

潜力需要挖掘，但挖掘的前提是有"力"可挖，而潜力是需要从长时间从事某项工作的积累中获得的，它只是没有直接转化为技能，却存储在你的大脑，这都是专注用心的结果。所以想创造职业潜力，就要以工匠孜孜不倦的态度来勉励自我，对工作投入脑力、体力和情感，让你的职业技能更有底蕴。

如果我们以工匠精神的角度审视我们的日常生活就会发现，同样做一份工作，有的人原地踏步，始终没有任何长进，有的人却能步步高升，从被引领者升级为引领者。这其实就在于对工匠精神吸收的程度不同：把工作当成事业来做的，就会心存敬畏之心，就能把平凡的劳动当成是一种事业，而不是计较一时的利益得失，最终成为站在行业顶层的人。所以从这个角度看，无论你处于何种位置，只要能用工匠之心去做事，总会获得境界的提升，而境界则代表了未来你将拥有的一切。

3 做每一件工作时，先抛开自己的想法

"放空"是最近较流行的词，它是指在做事之前清空大脑，不要受各种杂念的干扰。对于工匠来说，"放空"同样重要，因为要想完成一项工作，首先不是标榜自我，更不是贬低他人，而是要学会约束自己的想法、性格和行为，借用圆融之道去抽取外界有价值的信息和资源，当积累到一定程度时再去凸显个体化的思维和行动，这才能让工作做到最佳，否则很容易沉迷于自己的世界中。

孔子的学生曾点和曾参是一对父子。一天，曾参在地里干活，不小心将禾苗锄掉了，曾点顿时大怒，抡起棍子就狠揍曾参，曾参只站在原地被父亲教训，结果被打得昏了过去。当曾参醒来之后，他竟然还恭敬地对曾点说："儿子不孝，惹您生气了。"有路人看到这一幕就夸曾参"仁"：因为仁者孝当先，当爹的把儿子打成这样儿子还不反抗，这不是仁孝至极吗？后来，这件事传到了孔子的耳朵里，孔子勃然大怒，不让曾参进门，也不认这个学生。对此孔子的解释是：父亲下狠手打你，可能会把你打死，那样他就会犯罪坐牢，即便打不死你，打伤了你父亲也会很伤心，所以他打你，你应当躲闪，这才是真正的孝。

从孔子的话中不难发现：忍受和反抗是对立面——忍受代表着愚孝，反抗则是忤逆，这些都不是真正的孝，最佳的选择是躲到一边。

《中庸》中有一句话叫作："唯天下至诚，为能尽其性；能尽其性，则能尽人之性；能尽人之性，则能尽物之性；能尽物之性，则可以赞天地之化育；可以赞天地之化育，则可以与天地参矣。"其实，中庸就是一种融合之道，是弱化个体意识中的棱角部分，以便和周围世界完美地融合的世界观和方法论。

融合也是一种放空，它能帮助我们修炼更好的专业技能。因为在做工作前，我们需要从他人的知识和经验中获得灵感，这就要求我们首先要抑制住太过个体化的思想。因此，学习和借鉴他人，对我们养成工匠的基本素质有着重要的支撑作用。

那么，抛开自己的想法，能够给我们带来哪些好处呢？

第一，放空思维，重新启动。

当你准备开始一项工作时，你的大脑此时不是被清空的状态，如同运行几个小时的电脑系统一样，内存被占用，CPU 被占用，还积累了大量的缓存，当然这些东西并不都是有害的，有些能够帮助你快速处理问题，然而却会影响你的运行速度。所以为了稳妥起见，在做事之前要抛开这些应用，让脑子进入到放空状态，这样你才有机会重新切换视角去分析问题，很可能换个角度你会发现自己认知上的不足，那么你就要将这些不足与外部世界尽量融合，以创造出被大多数人接受的产品或者服务。

第二，接纳他人，和谐共生。

很多工作不是依靠一个人就能完成的，你需要和团队通力配合，如果你个人想法太多，必然会影响与他人的合作流畅度，破坏团队的整体工作进程，所以在你开口去"指导"别人之前，要先学会接纳他人的不同想法。这不是一种态度上的妥协，而是一种方法和策略：先把别人的观点考虑进来，和自己的观点相对比，如果发现对方才是最优选项，那么就要马上改正；如果发现对方是错误的，也要在和谐的氛围中提出建议；如果不能确定谁对谁错，那就交给实践去检验……总之，你要避免在审视他人的观点前先入为主地有了某种想法，这对别人是不公平的，对你也是有害的。

第三，稳定情绪，减轻干扰。

工作和谋生，永远是不可分割的关系，所谓工匠精神也并非是无私奉献，工匠需要相应的回报来证明自己的价值。不过，当你在具体实操的过程中，功利心会影响你的技能发挥，也会干扰你的思路。比如不同的设计方案会产生不同的成本，利润回报也不同，如果你下意识地考虑要选用"最赚钱"的那个方案，很可能就会让你误入歧途，所做的创造并不具有技术含量或者缺乏美学价值。为了避免这种情况发生，要在开工前有意屏蔽有关功利性的想法，让你的情绪处于一个稳定、纯粹、超然的状态中，这样才能以工匠之心投入工作。

第四，集中精神，寻找灵感。

灵感是点燃工匠之心的媒介，它能让工匠瞬间从常规性的、机械性的工作中获得启示，从而创造出具有竞争力的产品。当然这并非是人能操作的，但我们可以为它的诞生创造环境，那就是减少冗余无用的思考内容，集中精神在内部世界和外部世界中寻找灵感的火花，即便一时寻找不得，也可以通过优化现有的创意提升你的创造力。

工匠精神的可贵之处在于，它既能有独立思考的能力，也能有包容外界的气度。独立思考让工匠精神具有独创性和开拓性，而包容外界让工匠精神具有开放性和融合性，只有这些因素和谐共生时，工匠才能打造出符合社会需求的成果，因为它抛开了个体化的自我，融合了更广泛的大众，糅合成一种高端的智慧。

4 一边玩乐，一边成为佼佼者

在学生时代，有人痛苦地学习，有人快乐地学习，往往后者成绩更好。在进入职场以后，同样是有人痛苦地工作，有人快乐地工作，而往往后者的业绩并不差。事实上，痛苦工作的人和快乐工作的人并非是能力上有差别，而是心态上有天壤之别：是否陷入过度焦虑。

美国有一个男孩准备服兵役，但是他一想到要进入一个陌生的环境中就寝食难安，以至于每天都想着这件事，最后陷入焦虑。父母不知道该如何安慰他，就让他去问祖父。男孩对祖父说他害怕服兵役。祖父告诉他，在美国服兵役无非两种情况，一个在国内，一个在国外，有一半的可能是分在国内，而在国内服役和度假没差别。男孩又说，这样他就有一半的概率被分在国外。祖父说，即便被安排到国外也只有两种可能，一种是分到和平状态的国家，另一种是分到战乱的国家。男孩一听更坐不住了，他说如果自己被分到战乱的国家该怎么办。祖父说，战乱的国家也分两种情况，一种是做内勤，还有一种是做外勤，做内勤就很安全。男孩又问，如果他被分到外勤怎么办。祖父说，外勤也有两种情况，一种是执行任务负伤，另一种是战友负伤。男孩一听害怕了，他问祖父如果自己受重伤该怎么办。祖父说，如果受重伤，无非活着或者死去。男孩的心提到了嗓子眼,他问祖父如果死了该怎么办。祖父语重心长地说,如果死了就不会有任何感觉了。男孩终于放宽了心,高高兴兴地去服兵役了。

工作中的很多焦虑只是看起来让我们不快乐而已,当我们理性分析它的时候,焦虑往往不堪一击。很多人在工作时,因为害怕自己做不好而受到上级的批评或者给同事拖后腿,结果不能保持最佳状态,无法获得实际能力的增长。其实,与其紧张地工作,不如放松心态,让自己一边享受着工作的乐趣,一边锻炼工作技能,这样才容易出成果。

第一,别把自己当成高人。

工匠技艺的积累需要过程,一个人职业的发展也是循序渐进的。即便你个人能力突出,也不要把什么事情都揽到自己身上,要给自己留一点时间与空间,不要把自己的岗位看得过于重要。即使你真的超过了某些人也还是要保持低调,这样做是为了给自己减轻压力。当你用理性看待工作压力和荣誉的时候,就能保持一颗平常心,让情绪处于稳定的状态,这对你的团队伙伴来说也是一件好事。

第二,多一点微笑。

工作中总是难免遇到一些挫折甚至是失败,与其为此发愁不如乐观对待,因为工作总是要继续,如果你不能保持良好的心态,就会让负面情绪不断积累,最终在某一时刻爆发,到时不仅让自己措手不及,还会给团队带来麻烦,造成的后果无法估量。为此,我们要在平常的工作中给自己多一些宽慰,尽量减少心理负担,这样才能避免情绪恶化,不让我们的工作效率被情绪所左右。

第三，不断学习。

在保持乐观情绪的同时，我们要懂得给自己"充电"，让自己保持最优状态。这样一旦遭遇意外，我们就能有充足的准备去应对。人的技能是需要日积月累修炼成的，如果我们放松对自己的要求，过于乐观，就无法成为优秀的创造者，只有那些时刻准备着的人才能展现工匠精神。其实，学习本身并非那么痛苦，你之所以感觉到难过，是因为你还没有适应它，当你养成学习的习惯时，你会慢慢发现一天不学习就会感到不适。将学习和享受生活结合在一起，才是最好的工匠心态。

第四，切忌"瞎忙"。

一个人要想做出点成绩，不忙起来是不可能的，但是忙也要有忙的逻辑，而真忙和瞎忙的最大区别在于，是否能看透事情本质并根据轻重缓急排列次序。那么，到底怎样才是合理安排手头的工作呢？不妨试用一下"二八法则"。

这里所说的"二八法则"，是指我们每天忙的事情的总量中，重要的事情占20%，其他次重要的或者不重要的占80%，只有合理分配对这些事情投入的精力才能决定我们忙碌的价值。懂得忙碌的人，会准确识别20%的事情，然后拼尽全力做好，除此之外他们还会有空闲时间去处理无关紧要的琐事。

第五，保持友善。

心理学家研究过，那些经常生气的人，死亡的概率比不爱生气的人高，这是因为如果一个人保持友善的态度，就会让神经系统处于兴奋状态，就能更好地促进身体分泌有益的激素。在工作中，我们总会遇到让我们生气的事情或人，有时是出于愤恨，有时是出于嫉妒，无论是哪一种情绪，都不能帮助我们改变太多。我们不妨心怀善念和宽容，在允许的范围内对他人的错误尽量容忍，对他人的成就也不要羡慕嫉妒恨，这样才能保证我们有享受工作的好心情。

心态能够决定你在工作中的状态，如果心态不对，哪怕你在工作中做出了卓越的成绩，你也很难感受到真正的快乐。负面情绪会限制你才能的发挥，逐渐打破你的最优状态，使你最终沦为平庸之辈。所以，乐观地工作并保持足够的野心才能最大化地激发你的事业心，促使你把积极向上当成一种惯性，这样你的状态才能越来越好。

5 本分，就是把手头正在做的事做透

有一个年轻的国王，继位后一直被一个问题困扰：他身边最重要的时光是什么？为了获得答案，国王召集全天下的哲学家解答，然而这些智者未能提供给他满意的答案。后来，一位大臣告诉国王：深山里住着一位非常有智慧的老人，或许可以为您解答。于是国王打扮成农夫的样子去找这位老人。老人见到国王后，就让他去挖土豆，然后烧开水把土豆做成汤。国王以为老人会在几天后给他答案，然而等了很长时间也没有得到答案，国王终于有些不耐烦了，亮出了自己的身份并问老人那个问题，老人回答说："你生命中最重要的时候就是现在。"

工匠精神的核心内涵是什么？专注。专注的具体含义是什么？把眼前的事情做好做透。

中国有一句俗语叫"多刨坑不如深挖井"。工作也是如此，只有专注才能做到专业，才能具有突破行业瓶颈的冲击力，才能掌握比竞争对手更超前的技术。

古语有云："欲多则心散，心散则志衰，志衰则思不达。"从表面上看，专注于一件事并不困难，然而这是对毅力和恒心的巨大考验。唯有锁定目标和前进的方向，积聚全力，才能在通往成功的道路上所向披靡。

做好眼前事不是一个空泛的概念，它是"稳定为基"思想的细化和具象，体现在具体的工作环节中，比如你是如何制订工作计划的、它和你未来的发展有什么联系、你手头做的事情对你的技能是否有较大的提升作用以及是否可以最大限度地节约成本，等等。有的人思维比较"活跃"，手头的工作刚做了几步，当发现有更好的机会，立刻放下工作投入到新的项目中，结果却发现不适合自己，再次调整了工作计划，之前所做的一切都成了无用功，这就是丢失了工匠的本分。

有人说，中国人具有吃苦耐劳的精神而且头脑聪明，然而这并非是成功的决定要素。吃苦耐劳只是一种助推力，它建立在正确的选择和专注的态度上，如果选择错误，越吃苦反而距离成功越远。头脑聪明也不过是一种催化剂，它只能帮助你高效率地完成某项工作，但如果你无法专心致志，聪明也得不到发挥。

综观欧美、日本等国家的知名企业，它们都是专注于某个领域不断深耕。这就是坚守住了工匠的本分，才会取得杰出的业绩。

为何有些人无法做到本分呢？这是因为他们考虑了太多工匠精神以外的东西，比如对金钱和名利的追逐，这就让他们存在短视行为，这不仅是个人资源的浪费，也是对社会资源的糟蹋，更是对市场和用户的漠视。因为当你无法安守本分地做事时，做出的东西也是低质量的，会极大地降低用户的体验，也是对市场秩序的干扰。

本分是对品质的一种坚守，更是对行业精神的一种维护，如果每个人都能恪守工匠精神的本分之道，那么整个国家都会凝练出一种宝贵的精、气、神。

日本神户有一个叫作冈野信雄的小工匠，他30多年来只做旧书修复这一件事。在别人看来这是非常枯燥无味的事情，可是冈野信雄却乐此不疲，最后掌握了惊人的技能：无论书受到多么严重的污损，他都能用灵巧的手将其复原。事实上，日本还有很多类似冈野信雄这样的工匠，他们都专注于某个领域，掌握着高超的技艺，坚守着自己的本分。

"工匠精神"离不开做，而做就要做到底，这是对工作的一丝不苟，是对产品和服务的精心打磨，也是对工匠精神的精心呵护。在信息高度发达的今天，很多行业其实已经没有秘密可言，想要依靠"祖传秘方"去战胜对手已经很不容易，这时比拼的就是谁的定力更强，谁能够专注做好眼前的工作，形成一种竞争力。

徽州砖雕是一门传统的工匠技术，这个工作的特点是辛苦。因为每天都要和大量的灰尘打交道，对呼吸道和肺脏的健康有很大影响，这导致一些人学习一段时间之后就打了退堂鼓，总想着借助这门手艺去做相对轻松、收入更高的职业，然而能够坚持下来的人，他们克服了这些困难不去计较一时的利益得失，而是专心地做好砖雕工作，才让这门传统技艺得以传承。

有些人执迷于已经发生的事情，有些人幻想着未来的美景，然而能专注于眼前事的人却不多，因为这个社会容易让人浮躁，让更多的人瞻前顾后，可是我们要明白一个真理：不做好眼前事，就不会有未来，更愧对过去。

新东方的创始人俞敏洪说过：不懂的事情坚决不干，但弄懂的事情要坚决推进。做一件事，成本就是你想放弃时要付出的最大的代价。事实的确如此，当我们决定做一件事时就要全身心地投入，如果这时有其他事情干扰，你就必须考虑一个问题：如果放弃眼前事去做另一件事会更有价值吗？有的人只会单纯计算另一件事的收益，却忘了放弃眼前事要付出的代价。一放一抓之际，损失往往要高于回报，因为你关注的另一件事，可能是跟风，可能是盲动，更可能是换汤不换药，既然如此，为何不沉下心做好眼前事呢？

　　"工匠精神"不是一句口号，需要在每一个工作环节中被体验、运用、发扬和传承。如果在这些环节上无法专心致志，那么一切践行都是空谈，因为工匠的本分就是先把眼前事做好，再谈诗和远方。

第六章

积极投入，别像个旁观者

1 投入多少精力和技术，决定了你的价值和水平

近几年来，"大国工匠"被人们津津乐道，而"工匠精神"也在被不断地挖掘和提炼。大国，指的是货真价实的大国，而工匠并非局限于某一个职业，而是一种衡量标准，它的核心就是具有"匠心"。

对于匠心的解读，不同的人有不同的理解，但有一点是一致的，那就是舍得投入精力和技术。精力，代表着一种专注，而技术，代表着专业。一个不够专注的人，自然不会把有限的精力投入到从事的工作上；一个缺乏专业技能的人，也不会制作出符合行业标准的产品或者服务。

日本东京银座有一家西餐厅，主厨不仅技艺精湛而且全身心投入。即便是最简单的油炸肉片都要严格把关，选料、洗涤、备料、腌制等工序，每一道都非常严格。他所使用的是一口直径半米的大炸锅，油温保持在160℃到170℃之间，在起锅前会将温度加热到180℃，这样肉炸出来香脆又不油腻。其中有两道菜难度很大——炸牡蛎和炸螃蟹奶油肉饼，如果不能把握好油炸的温度，就会失去焦脆鲜嫩的口感。然而主厨却能通过分辨肉的颜色和听油炸的声音来判断火候，足见匠心所在。

投入多少，并不意味着能够获得对等的回报，但不舍得投入就

不可能获得回报。

在一个神水池子附近，躺着一个麻风病人，他懒得走动，整天幻想着有人将他拉到水池边上，结果一等就是 40 年。麻风病人的奇怪举动引起了天神的注意，有一天，天神来到他面前，问他要不要治好自己的病。麻风病人说，他想治好自己，但是人心险恶，没有人愿意帮他。天神又问了他一遍要不要治好他自己，麻风病人说，如果他自己爬到水池旁边水可能会干涸了。天神怒不可遏，又问他要不要治好自己，麻风病人还是说要，却不听从解决办法。终于，天神震怒，让麻风病人不要找任何借口自己走到水池旁边。麻风病人只好自己走到水池旁边，喝了几口泉水，麻风病顿时就好了。

一个喜欢给自己找借口的人，就是不愿意投入和付出的人，所以他们的价值也就微乎其微。具有工匠精神的人之所以被世人推崇，是因为他们愿意用自己的精力和技术去证明他们对某个职业的热爱，这才是匠心所在。

拿破仑出生在科西嘉岛一个没落的贵族家庭，父亲省吃俭用把他送进了一所贵族学校，同学们都是富家子弟，经常嘲笑拿破仑，拿破仑的自尊心受到了严重的伤害。最终他实在无法忍受，写信告诉父亲："我始终忍受着别人的嘲笑，他们无时无刻不在向我炫耀他们的金钱，讥讽我的贫困。父亲，难道我只能在这些富有而高傲的人面前谦卑地活下去吗？"很快，父亲回信给儿子："诚然，我们很贫穷，但是你必须在那里把书念完。"

拿破仑没有违抗父亲的心愿，他在这所折磨自己的学校坚持了整整 5 年，然而每一次的嘲弄和欺辱，都坚定了他改变命运的决心。既然无法逃避，那唯一能做的就是改变现状。终于，拿破仑在 16 岁的时候成为一名法军上尉，而他的父亲却在同一年去世，他不得不承担起养家的重担。在军队里，拿破仑发现很多人把时间和金钱都用在泡女人和赌博上。身材矮小、经济拮据的拿破仑只是把时间放在图书馆里。他在读书的时候，把自己想象成一个总司令，在脑海中描绘出了科西嘉岛的地图并标注了应当布防的位置，还用数学的方法进行了精确的计算……最终拿破仑的长官发现了这个"怪人"的数学才能，并分配给他重要的工作，拿破仑出色地完成了工作，逐步受到重用，他的人生也掀开了崭新的一页。

拿破仑出身低微，但是他愿意把别人用来挥霍人生的时间和精力投入到学习之中，从而掌握了军事技术，这促使了他的专注度和专业性都达到了一个新的层次，成功地展示出了作为一名职业军人的专业素质，且被长官发现。

如今，一些年轻人进入职场以后，他们遭遇的现实可能和他们的幻想差距很大，加上刚从象牙塔中走出来有非常强烈的不适应感，于是他们变得不愿意付出，总觉得自己会吃亏。结果，他们因为这种所谓的谨慎而放弃了自我价值的提升，陷入到恶性循环中，他们关注的不是自己投入了多少，而是得到了多少，总是斤斤计较利害得失却忘记了提升自我。

我们要展示自己的价值，就要先铸就匠心，不要给自己任何逃避的理由，做每一件事之前都要做好充分的准备。香港有一句俗话叫："连张国荣都要熬 10 年。"对大多数人来说，无论是长相还是才华恐怕都在张国荣之下，既然如此，你为什么不能拿出 10 年作为赌注，去磨炼自己的技艺呢？如果没有这个痛苦的过程，你如何让别人发现你的价值？

当一个人不愿意为实现目标投入精力时，就会长期处于浮躁的状态中，而浮躁能够摧毁一个人，让本来就不够坚定的信念更加动摇，久而久之养成投机取巧的功利心态。然而随着时间的流逝，他最后会发现自己的价值一点一点被埋没了。为自己钟爱的事业付出，这不能用商业化的思维去考量，因为你越是喜欢权衡利弊而不是聚焦在修炼技术本身，越不能走到行业的顶端。人，宁可为付出的事而懊恼，也不该为未曾付出的事而遗憾。

这是一个不缺乏梦想的时代，上到杀入国际市场的企业家，下到沿街摆摊的小商小贩，他们都在自己的能力范围内造梦、圆梦。当然不是每个人都能实现梦想，因为有些人从来不去思考自己为修炼一门技术愿意付出多少，更没有正确认识自己的价值水平，自然就丢掉了原本可以得到的"匠心"。

2 优秀的艺术抗拒易于实现的空想

一个优秀的工匠，追求的是优秀的创造成果，它可能富于美学价值，也可能符合心理学需求，还可能是参照了严格的工业标准……无论是哪一种，它都是一种被升华的艺术，这是因为工匠的"事做于细"表现的就是对完美主义的追求。但是在这个追逐的过程中，必然要经历从平庸到优秀的过程，它最初或许只是一个想法，后来通过这个想法进行探索，在无数次的实践之后变成现实。

优秀是一个抽象的定义，不同的人有不同的理解。对于观念保守的人来说，致敬某个经典的艺术是优秀的；对于观念超前的人来说，突破惯性思维的艺术是优秀的；对于折中主义的人来说，实用性强的艺术是优秀的……事实上，这些理解并没有对错之分，但如果这些想法仅仅停留在纸面上，那就都是错误的。

创造性的工作，都是将奇思妙想转变为现实成果，如果没有这个转化的过程，那么再美妙的创意也只是空想。

空想和创意的最大区别在于：空想从一开始就没有去实现，而创意是为了实现而做的思想准备。所以，那些喜欢夸夸其谈的人，他们之所以能够口若悬河，是因为他们根本不在意这些想法能否被实现，因此丝毫不受现实情况的束缚。而那些真正谈创意的人，他们要考虑如何把想法变成现实，所以在讲述时会更接地气，不会忽略某些现实因素。所以，空想家描述的"创意"和实干家描述的"创意"，前者听起来更美妙，后者听起来更符合客观事实。

一个习惯空想的人是可怕的，因为他已经把注意力集中在无法实现的创意上，更重要的是他没有认清优秀的定义。优秀的艺术，应该具备四个特征。

第一，符合大众的审美。

我们在网上经常会看到一些故意搞怪、扮丑的艺术品，比如恶搞蒙娜丽莎、恶搞杜甫等等，这些属于娱乐并非艺术。但在现实中的确有人将这一类"创意"当成了艺术，这就成为恶趣味，因为当它作为娱乐元素存在时，大众并不会感到不适，可如果你的家里真的挂着一张被恶搞的蒙娜丽莎的画像时，你还能保持微笑吗？简而言之，这种行为颠覆了大众的审美，虽然容易实现，但它和优秀并不沾边，也和大多数人的审美习惯冲突，即便它的"创意度"再高也只是一种空想，因为当把它变为现实之后少有人能接受。

第二，和实用完美融合。

在某些人的认知体系中，阳春白雪和下里巴人是水火不容的，所以优秀的艺术是华而不实的，实用的东西是不堪入目的。事实果真如此吗？我们不妨看看乔布斯打造的苹果产品，哪一件不实用？哪一件没有艺术气息？把艺术的优秀和实用的价值对立起来的人，既不懂得艺术的真谛，也不了解实用的内涵。那些停留在空想层面的创意，总是放大了对艺术的追求而忽略了对实用的让步，它之所以看起来很容易实现，是因为它根本没有考虑融合，这种空想自然也不会被现实接纳。

第三，给人积极的情绪。

不论是生产工具、生活用品还是纯粹的装饰品，它们都关乎着人的情感。对生产工具来说，它应该被便捷地操作和灵活地使用，应该让人保持在亢奋的工作状态中。比如一台计算机，如果因为刻意追求花哨的外观设计而影响了屏幕的可视效果，那么使用者能不会为此恼怒吗？再比如一台饮水机，如果为了不实用的美观导致接水处设计狭窄，同样会引起用户使用的不满。而纯粹的艺术品也是如此，为了突出色彩而忽视了线条，或者为了强调质感而忽视了寿命，这些都会让使用者感到愤怒、无奈甚至绝望。这就会给对方带来消极的情绪，而那些随手拈来的空想大多会犯这一类错误。

第四，少贴标签。

有些人总喜欢给自己贴上某个标签，比如全能型人才、偏执型创业者或者拼命三郎，借此来显示自己的与众不同。不仅人如此，有些企业也喜欢贴标签，比如有的崇尚情怀，有的追赶欧风美雨……这种贴标签的行为，看似是在创造一种独立的技巧和思想，其实是在自我标榜，时间一长必然会沦为空想。因为它过于虚无，想要实操却很难下手，所以总是停留在口头上，久而久之就变得与现实格格不入。一个优秀的工匠，虽然不至于要两耳不闻窗外事地埋头苦干，但也没有必要把自己归于某种类别，而是应该化想法成一种精神上的向往，在务实中追求艺术。

不切实际的空想，是在工作的准备阶段最容易误入的歧途，它会让人从方向上选择错误的道路，所以规避空想除了要知道优秀的艺术是什么，还要养成良好的思维习惯。

首先，诞生一个想法之后，即便不能马上实现，也要先推算一下是否合理，是否存在着严重的漏洞。如果这个想法包含很多小想法，那就先去完成其中一个，看看是否能顺利实现。其次，有了想法之后，找机会和别人交流一下，让对方提提意见，因为每个人的思维方式不同，同一个问题换一个角度或许就能得出不同的解决方法，这不仅有利于我们遏制无用的空想，也能在沟通时从他人学习到对方的知识和经验。最后，如果这个想法推算合理，别人又没有发现明显的缺陷，那么就要马上着手去做，不要给自己找任何拖延的借口。这样做的好处有两个：其一，有些创意时效性很强，尽早去做能够实现价值最大化；其二，当你为这个想法开动起来之后，你会更深一步地了解它，或者发现它并不可行，或者能够改进它，无论哪一种都是在指向现实，让你的想法有机会变为真正的艺术。

世间万事，都是从一个想法开始，我们不能小看它的价值，因为它可能代表着一个未来，同样，我们也不该高估它，因为它只有变成事实才有存在的意义。

3 注意力，来自对事物的负责意识

1997 年，濒临破产的苹果公司向乔布斯发出了回归邀请。当时苹果的高层并没有抱太大希望，因为乔布斯是被他们赶出去的，然而乔布斯不计前嫌，临危受命，回归苹果，不仅拯救了这家极具传奇色彩的公司，也成就了他自己。其实，乔布斯回归苹果绝不仅仅是利益诉求，更是一种责任感。正是凭借这种负责的意识，乔布斯集中精神，开发出了让全世界为之赞叹的 iPad、iPhone、iTunes 等电子产品。

现在很多老板都认同一句话：责任感胜于能力。一个员工对职业如果没有起码的责任感和尊重感，就很难全身心投入到工作中，更不要说践行工匠精神了。责任感是对职业的忠诚，一个人对工作负责，就是对自我负责。只有认识到这一点，一个人才能在个人事业的发展道路上不断挖掘潜力，否则注意力就会转移到如何为自己获得非法利润上，放弃曾经的理想和目标。

Facebook 曾经爆出用户信息泄露事件，后来证实是有员工向媒体泄露公司信息，让公司蒙受损失，扎克伯格为此解雇该员工并爆粗口，竟然获得员工们的掌声回应，可见人们对泄密者的深恶痛绝，因为他们没有对企业和产品负责，而集中注意力在如何谋取私利上，这样的员工可能成为工匠吗？

当一个人放弃责任心的时候，就会把注意力转移到更现实的事情上，如何能专注手头的工作呢？注意力是工匠提升技艺的导引，注意力不集中，就会让灵感从眼前溜走，就会放任自己的劣势，阻碍自己获得成功，让一个原本具有工匠资质的人变得庸碌无为。

注意力是发扬工匠精神的引线，责任感是保持注意力的动能。责任感是什么？它并非是单纯效忠某个企业或者某个老板，而是对自己内心负责，它能让你把最宝贵的精力放在改进产品、提升自我、配合团队等更重要的问题上。

如果说智慧和勤奋像金子一样珍贵，那么责任感就更为珍贵，也是工匠品德范畴中的重要存在。倘若一个人缺失了责任意识，也就失去了基本的从业原则和底线，不仅无法锤炼技艺，而且会浪费大把的时间。

波音公司为了增强员工的危机意识，曾经拍摄了一部模拟公司垮台的电视纪录片：在一个天空灰暗的日子里，波音公司悬挂着"厂房出售"的招牌，从大喇叭里传出"今天是波音公司时代的终结，波音公司已关闭了最后一个生产车间"的通知，很多员工无精打采地从工厂离开。在这部纪录片播出之后，波音公司的员工都产生了强烈的危机感，他们找到了主人翁的责任感，每个人都认真工作并不断创新，让波音公司保持了强大的发展动力。显然，波音公司的这种做法给了所有员工一个重要的启示：企业要想在激烈的市场竞争中存活就必须有危机意识。

其实，这个世界从来不缺少优秀的工匠，但是既有能力又有责任感的人，才称得上是具有工匠精神。美国政治家、哲学家富兰克林曾说过："如果说，生命力使人们前途光明，脚踏实地使人们现实，那么深厚的忠诚感就会使人生正直而富有意义。"

在《把信送给加西亚》这本书中，罗文中尉之所以能够完成送信的任务，除了他强大的执行力之外，更关键的是一种责任感。因为如果他失去了"军人的生命属于他的祖国，但他的荣誉掌握在自己手中"这种信念，在美西战争这样严酷的时代背景下，没有谁会愿意去陌生之地完成一个不可能完成的任务。因此，一百多年来，人们将罗文送信视为责任感的最高境界，从某种意义上讲比强化执行力更重要，因为一个缺乏忠诚感的人，根本不会去完成这样的任务，执行力也只是摆设。

华为在初创时期提出了"分担责任"的口号，建立了员工持股制度，目的是为了让员工和企业实现利益分享，让员工在工作中保持高度的注意力。这种分权管理方式，不仅有效地让员工行动起来，还给予他们足够的参与感和自尊心，如此员工自然就把时间和精力都聚焦在工作任务上，结果实现员工和华为的双赢。

注意力是一种态度，责任感是一种操守，没有坚定的操守就不可能有正确的态度。责任感是对自己所从事工作最坚定的信念，是工匠操守的内核。在如今这个竞争激烈的年代，谋求个人利益、实现自我价值是天经地义的事，可很多人却把个性解放同责任感对立起来，认为要担当责任就是在损害自己的利益，这是大错特错的，因为责任意识是做好工作的前提，如果工作无法圆满地完成，何谈个人利益？

当你对眼前的工作负责时，工作也会给予你一定的回报，即便和你的初始目标存在差距，你也会问心无愧，因为你已经用责任心证明了工匠的基本操守，会得到上级、同事乃至客户的尊重，这种尊重虽然不能马上给你带来现实利益，却能够为你日后的发展铺设道路。而且这种无形财富的增值空间是巨大的，总有一天，它会反馈到你的职业生涯中，让你成为行业内的楷模和标杆。

4 真正地行动起来，你才会发现自己认知上的缺陷

很久以前，有一只凶猛的黑猫，每天能抓 10 多只老鼠，老鼠们惶惶不可终日。于是它们商量着对付黑猫的办法，有的建议给黑猫投毒，有的建议大家一拥而上咬死黑猫，后来鼠王想出了一个聪明的办法：给黑猫的脖子上挂一个铃铛，这样只要黑猫一动铃铛就会响，老鼠们就能够及时躲开。然而这个计划最终未能得以实施，因为没有一只老鼠愿意去挂铃铛。

行动是检验想法的重要途径，纸上谈兵只是掩盖认知的缺陷。

工匠和空想家不同，他们的技艺来源于实践，他们的口碑来源于真实存在的创造物，如果没有执行力作保障，仅仅是把所谓美妙精绝的创意停留在纸面或者口头上，那么工匠精神就失去了载体。

执行力是工匠完成创意的能力，它决定了一个工匠在行业内的地位。不仅是工匠，世界上大多数的工作都需要把一个想法转变为行动，然后用行动去创造成果，而执行力就起到了桥梁的作用。

很多时候，创意并没有执行力重要，因为创意的产生往往是散漫的、没有规律的，它可能看起来很美妙，然而实操就会漏洞百出，而执行力是对其进行验证和修改的过程。当然，执行力不是凭空而来，

它是在日常工作和自我管理中逐步积累而成的，正如士兵的纪律需要在平日的训练中养成一样。

执行力是发现认知缺陷的渠道，除此之外还有推理和评估等思维方法，可它们都不是对真实世界的反映。换句话说，要想提升自己的工匠水准，首先要增强纠错能力，将它和执行力结合起来。

第一，在行动中完善细节。

细节是成就工匠技艺的关键，也是很多人对工匠精神心生敬畏的发端，然而细节到底能否经得住考验，不能单从美学的角度出发，还要在实操中检验，才能让产品或者服务达到极致，否则一个细节的失败很可能将整体毁于一旦。

上海地铁一号线是由德国人设计的，表面上看并没有特别之处，但是当中国设计师设计的二号线运营之后，两条线路一经对比就显出了很多问题。比如，德国设计师在一号线的每一个室外出口都设计了三级台阶，表面上给乘客带来了麻烦，其实是设计师根据上海独特的地貌做出的调整：上海地处华东，平均地势只比海平面高出一点，每逢夏季就会有雨水进入建筑物，所以三级台阶能够阻挡雨水倒灌，减轻防洪压力。相比之下，二号线没有设计台阶，结果是只要大雨天二号线就会被雨水浸泡，差一点造成严重的经济损失。按照常理，德国人不应该比中国人更了解上海，但是他们通过实地考察发现了设计细节中需要修改的部分，这看似不起眼的三级台阶，成就了更有实用价值的一号线。

第二，在行动中恪守严谨之道。

工匠代表着专业，专业不是随口一说，而是要用行动去证明，那种仅仅依靠头脑计算就得出的结论是一种投机取巧，有悖于工匠精神。如果你手头从事的工作关系到人的生命和财产安全，你还敢用模棱两可的态度去面对吗？即便并不直接关乎生命和财产，一个不严谨的想法也会让一项工作前功尽弃。

20世纪，在华为还依靠交换机作为企业收入来源的时候，曾经有一批机器卖到湖南，结果很快出现了设备短路的情况。按理说，华为的交换机不可能出现这种质量问题，但是华为没有推卸责任，也没有妄下结论，而是派一批技术人员前去检查，发现罪魁祸首是老鼠——它们撒尿导致交换机断电。正是这种对工作负责和严谨的态度，让华为发现了交换机存在的缺陷。于是很快改良了某些零部件，减少了动物尿液对设备的影响并保持了机壳和内部电路板的完整。

第三，用行动来坚定信念。

工匠精神的最终目标是创造行业内最优质的产品或者服务，让同行无法造出与之匹敌的产品，从而满足用户迫切的需求。当你有了想法之后，就要马上行动起来，这不仅是为了发现它的缺陷，也是为了证明它的存在价值，帮助自己确立信心。

1992年，一个名叫肯尼·克拉姆的美国人喜得一女，然而不幸的是，女儿出生后不久就患上了脑瘫和间歇性肌肉痉挛，每天都要服用四次药水，克拉姆发现女儿十分讨厌药的苦味——这也是令很多家长头疼的问题，然而克拉姆没有抱怨药商，而是马上行动，用一勺香蕉调味剂让药变得美味起来。克拉姆没有就此满足，他相信世界上还有更多的孩子饱受药味的折磨。于是在 1995 年创办了一家专门生产掩盖药品味道的调味剂公司，经过多年的发展成为大名鼎鼎的福雷沃克斯公司，业务范围甚至覆盖到了宠物用药上。

克拉姆先是满足了女儿服药的需求，进而为了满足全世界患儿的需求成立了调味剂公司，他努力地将每一个想法都付诸行动，进一步坚定了他为广大患病儿童送去福音的信念。

第四，用行动去挑战权威。

有些认知并非来自我们自己，而是权威和传统，这些由他人口中得出的推论或者观点并非全都是正确的，却因为权威效应而影响了社会大众的判断，如果你只是一味地盲从，很可能会犯下大错。

马可尼是世界著名的物理学家，他在无线电方面做出了巨大的成就并因此获得诺贝尔奖。他从小就是一个喜欢动手实验的人，经常在课余时间摆弄线圈和电铃，对电磁波有浓厚的兴趣。为了拓展知识面，马可尼广泛阅读了当时的电气类杂志，从前辈身上学到了不少知识。但马可尼并不盲从，在看了赫兹的实验报告之后突发奇想：如果有足够灵敏度的检波器，是否能够在更大的距离之外测出电磁波呢？为此，马可尼动手做起实验去验证他的想法，而不是依靠前辈们的实验数据，凭借这种在行动中证明认知的勇气和耐性，他的接收机实验取得成功：接收机收到了远方的信号并带动电铃发出了响声。试想一下，如果马可尼只会跟着大师亦步亦趋，那么他就无法在认知层面获得重大突破。

天下大事，必作于细。天下难事，必作于易。执行力的培养是一个长期的过程，也是工匠把创意转变为生产力的演化过程，没有这个必经阶段，人就很难正确认识自己的长处和短板，工匠精神也就无从谈起。

5 成为精神上的贵族：在追求卓越的过程中享受快乐

追求卓越，成为很多人自我勉励的关键词，于是人们为了这个目标不懈地努力。然而很少有人思考过，卓越的真实含义是什么？其实，真正的卓越不是一种被物化的成功，而是一种精神境界：视角高出他人，能够独立思考，体会别人体会不到的快乐。

卓越，就是让你成为精神上的贵族。

精神上的贵族和平民的差别在于，精神贵族不会受到世俗文化的影响，有着坚定的信念，而精神平民往往随波逐流，极容易受到他人思想的蛊惑。

现在很多人都喜欢看鸡汤文，那么鸡汤文到底是什么呢？常规的解释是："给人启迪，发人深省，或者暖心的文章。"不过最近几年，鸡汤文的"伴侣"出现了——反鸡汤文。之所以出现反鸡汤文，主要是因为很多鸡汤文的故事是编造的，把一些技术性的问题解释为单纯努力就能成功的问题，如此鸡汤文对人的指导作用就被大大弱化了，它玷污了我们的精神，让我们体验到一种虚假的快乐。

能够成为精神上的贵族，一定是有独立思考能力的人，他能够正确分辨对错，而不是依靠他人来为自己的人生做出决策，而且他们懂得享受在追求卓越时收获的快乐。

在某风景区的一棵大树下，坐着一位老人，他一边乘凉一边编织着草帽，因为草帽的造型非常别致，所以往来的游人纷纷驻足购买，这时一位精明的商人看到了老人编织的草帽，脑洞大开：如果把这样精美的草帽卖到外国去一定能卖个好价钱。于是，商人激动地对老人说："这种草帽多少钱一顶？"老人说："十块钱一顶。"紧接着商人对老人说："如果我在你这里定做1万顶草帽的话，每顶草帽可以优惠多少钱？"商人本来以为老人会非常高兴，然而老人却皱着眉头说："这样的话啊，那就要20元一顶了。"商人不解地问："为什么？"老人说："在这棵大树下没有负担地编织草帽，对我来说是种享受，可如果要我编1万顶一模一样的草帽，我就不得不夜以继日地工作，失去了快乐的源泉，你不该多付我些钱吗？"

对于老人来说，编制精美的草帽是一项能体现他人生价值的工作，也让他在追求卓越的过程中享受到了快乐，可如果脱离这个工作环境，把他定位成一个"草帽生产机器"，那么他所追求的"卓越"就变成了单纯的收益，他自然不会快乐。

想要成为精神上的贵族，并非是排斥金钱，而是不能让金钱成为追求卓越道路上的唯一动力。这需要我们从思维方式入手，把有害的东西抵御在精神高地之外。

第一，寻找论据，让精神世界更稳固。

在面对不了解的问题时，决不能不懂装懂，这样既会浪费时间和精力，也使别人丧失对我们的信任。一个人若想建立自我观点，首先，确认对这件事的理解程度；其次，为了解事情做调查或提问；最后，提出自己的意见，并分析如何应对可能出现的情况。

显然，如果我们不能深入理解问题，那么我们的观点和理论只能停留在事件表面。爱因斯坦说过，如不能用通俗易懂的话来解释，就不能说你已经充分理解。换句话说，只有当你的解释让小学生都能听得懂时，才是真正理解。

第二，学会多角度看问题，让精神世界更立体。

多角度考虑问题能够让我们得出更加客观的、符合大众视角的答案，比如 2018 年登顶免费游戏排行榜冠军的《旅行青蛙》，就是迎合了一部分佛系玩家的内心诉求，弥补了他们在日常生活中孤独和缺爱的心理需要。尽管这款游戏内容简单，玩法单调，却因满足人们的内心需求而迅速火爆，这就是能够站在大众的视角去认识问题，而不是局限于自身。

第三，尝试想象，让精神世界更广大。

当你收集到了一些能够佐证自己观点的证据之后，先别急着下结论，看看这些证据是否靠得住，是否存在漏洞，因为有些人习惯于惰性思维，往往看到了"白马"就想到了"王子"，却没有想到还可能是"唐僧"。这些思维定式可能让我们犯下严重的错误，所以我们要多考虑几种可能，借助想象力做出推理，这既丰富了线索，也开拓了自己的思维，因为墨守成规不会让我们从本质上提升自己，它只是一个较为保守和保险的常规办法，只有敢于想象，跳出事件本身展开联想，才能更接近真相。

第四，完善观点，让精神世界更丰满。

独立思考不是独自思考，如果你只构建了完整的观点却无法清晰地表达出来，那么也无法说服别人赞同，所以还要学会倾听别人的意见或者建议，这样才能进一步完善你的观点。当然，这个世界上没有绝对正确的意见，不要轻易否定他人，也不要轻易否定自己，要流畅地沟通，不要遮遮掩掩，要把别人的意见当成是自己的观点的养料，这样就能以开放、平和的态度去面对，也能帮助你做出正确的决策和行动。

在市场经济时代，人们走得快了，往往就容易忽视精神世界的建设，导致我们的精神世界的荒漠化，所以思维也变得摇摆不定。于是一些披着励志外衣的信息就开始侵蚀我们的大脑，扰乱我们的思维，直至吞噬我们人格和精神的独立。所以，我们要尽可能地保证精神的"高傲"和"尊贵"，避免被他人的思维所误导，因为人之所以为人，是因为你和他人不同，而非复制品。

6 对质量和高效有一种情感依恋

有一个消失的电子产品叫作上网本，这是当年英特尔提出的全新概念，上网本具有便携性强、价格低廉等特点，很多著名的 PC 硬件生产商都一度热衷于生产这种廉价的笔记本电脑，广大消费者也表现出了极高的热情。然而，苹果公司却没有制订生产这种廉价产品的计划，反而推出了精工细造的 MacBook Air 系列笔记本。和上网本相比，它轻巧精致，但价格昂贵，然而推向市场后依然获得了不少追捧者。在 2012 年底，上网本已成昙花一现，市场迅速被苹果的 Air 系列笔记本抢占，很多硬件生产商也纷纷退出这块市场。上网本的兴衰史提醒着人们：只有精品才更有竞争力。

工匠精神追求的也是高质量的产品，一如乔布斯对高端电子产品的迷恋，这不仅是一种商业策略，更是一种情怀。虽然性价比高的产品同样有市场，但受限于目标人群的购买力，当消费者真正实现财富自由的时候，相信没有多少人会选择低质量的产品。

如果一个工匠缺少对高质量产品的依恋，在思维上仅停留在"能用"的层面，就很难缔造出具有代表性的产品或者服务。高质，就是对质量的极致追求，它代表着工匠的尊严和口碑，其融合了工作态度和情感的需求。

如何把对质量的需求演变为一种情感依恋呢？

首先，要在日积月累的工作中培养对产品或者服务的感情，真正了解并感受它。如果你是一个玻璃器皿制造者，不妨在玻璃缸造完之后，灌少许清水，把手放进去，感受水与缸的融合，感受缸体精雕细刻的花纹和认真打磨的表面，观感和触感会让你对产品质量拥有直观的认识，你就再也无法忍受粗制滥造的玻璃制品，一门心思研究如何提升玻璃器皿的制作工艺。

　　其次，深度接触用户，了解用户的需求。高质量的产品，源于用户的现实需求，这种需求若只存在于用户或者中间商的描述之中，那么工匠很难真正体会它的含义与重要性，所以最好的方法是寻找机会多和用户接触，探知他们为何会有如此的需求。当产生了感性认识之后，你就能站在用户的角度了解对高质量产品和服务的需求，有了创造和改良它的内在动力。

　　最后，严于律己。如果只是把生产高质量产品和服务的需求归结到用户身上，只是一种外在因素演变而来的内在动力，很难长期激励一个人锐意进取。因此最好的方法是提高自己对技能的要求，给自己设定一个可以实现但需要努力才能达到的目标。这个目标会不断引导一个人走向卓越，而在追求卓越的过程中就会产生情感上的连接。

　　工匠精神除了对质量的情感诉求，还有对高效率的热忱。因为当前的市场竞争并非单纯比拼人才和技术，更是时间和效率的赛跑，只有养成良好的时间管理能力，一个人才能在技术比拼中占据不败之地。换个角度看，时间就是效率的"基础原料"，不懂得利用时间的人，不会有高效率的工作，不热爱效率的人，也不会珍惜时间。

　　如果一个人能够抓住时间并有效利用，就可以在相同的时间内创造不同的价值。只有增强时间管理，才能提高工作效率，在同样的时间内比别人做更多的事，这样就会增强成就感。这种成就感会激发对高效率工作方法的热爱，最后演变成不能割舍的习惯。

1930年，胡适在一次毕业典礼上给即将毕业的学生留下一句话：珍惜时间，不要抛弃学问。胡先生把时间放在第一位，其实是在暗示不懂得掌控时间，也就不能积累学问。

高效率工作的核心是时间管理，是通过技术层面的因素促进人们最大化完成任务。当然，时间管理并不意味着要在规定时间内将全部事情做完，而是凭借高效减少对时间的浪费，从而更好地掌控时间。站在个人发展的角度看，除了要决定做某些事，还需要决定不做某些事，因为时间对我们来说是宝贵的，我们需要投入情感，才能对得起流逝的时间。

格里曾在一家名叫威格利南方联营公司的企业里做了20多年的总经理。这家公司是美国最成功的超级市场之一，由于业绩突出，格里获得了很多荣誉称号。因此很多人试图从他身上学习成功的秘诀，后来发现：格里的成功在于时间管理。格里有着十分详细的工作记录，上面记载了很多工作项目，它们被编织成为一张由时间节点组成的"大网"，帮助格里开展制订计划、组织管理、项目授权等多个环节的工作，他的时间管理理念得到了行业内大部分人的认可。格里以时间为轴线，他的才能和经验才有了发挥的方向和尺度。

我们每做一件事之前，最好细致地列出一个时间表格，记录需要做的事和已经完成的事，等到一段时间过后，我们再来回顾这些事情做得怎么样，通过回顾可以积累防止干扰的经验，提高工作效率。当你高效地完成一系列工作之后，你才能真正意识到"人生原来可以如此精彩"。由此，你会爱上高效率产出高质量成果的过程，从而实现情感的融合，而这正是在一步步地接近工匠精神的核心地带。

人生的不幸并不在于遭受了多少困苦与挫折，而在于终日忙碌，却不知道自己为何而忙，这是因为缺失了对高质量创造物的渴求之情，自然就会迷失方向。同时，造成个体忙碌的真实原因也并非是他做了多少贡献，而是没有养成良好时间管理的习惯，从而陷入低效率的工作状态。因此，要想践行工匠精神，就要把高质当成毕生所求，把高效当成毕生所修，这样才能培养我们对高质高效的真情实感，投入到自己所爱并愿意为之奋斗一生的事业。

第 七 章

抛弃洞察力的正常模式

❶ 打破常态，就是不遵循任何惯性的原则

　　有一位探险家深入雪山被困，身上带的粮食吃光了，体能也枯竭了，虽然他和外界取得了联系，然而在茫茫雪海之中找寻一个人实在太难了，后来救援人员出动了好几架直升机，可就是找不到这个探险家。在这种情况下，探险家的性命岌岌可危，然而没想到的是，探险家打破常规，割肉放血，虽然这个举动可能加速他的死亡，然而当鲜血染红探险家身边的白雪时，直升机很快就发现了他，最终施救成功。探险家在这种近乎绝望的困境中，依靠打破常规为自己争取了一线生机。

　　敢于打破常规，有时是一个人从平庸走向卓越的关键，一个墨守成规的人无法成为行业优秀分子，最多成为一个熟练的学徒。当我们看到精美的艺术品时，总会不由自主地赞叹，佩服艺术家们的鬼斧神工。任何精雕细刻的作品背后都着有鲜为人知的付出，然而除了挥洒汗水之外，工匠的艺术家思维也起到了重要作用。

　　什么是工匠思维？就是对作品细节有高要求，追求完美和极致，对精品有着执着的信念。如何解读极致呢？就是当一个人对自己的事业想法清晰并目标坚定的时候，首要的任务就是把工作做到极致，这个极致就是在自己力所能及的范围内达到最理想的状态。

　　如今，能够平心静气做一件事的人很少，因为能够用工匠思维

去看待问题和分析问题的人越来越少，很多人依旧是惯性思维，他们刻板地认为，工匠如同流水线上的员工，总是按部就班地去完成某项工作，这就是惯性思维束缚了自己。

工匠除了要拥有专业思维之外，还需要拥有激情思维，这种激情既凝练在事物本身上，也凝聚在他们的职业诉求之中，演变成为一种工匠式的激情。工匠式激情的特点在于，能够在某一时刻不遵循惯性原则，敢于打破常态的颠覆式思维，是一种创新式的思考模式。

有人总会错误地认为，工作中保持理性最重要。诚然，对于那些需要循规蹈矩来完成工作任务的岗位，理性思维很重要，但是对于创造性的工作而言，缺乏激情就会缺乏灵感的来源，当工匠把创造产品的冲动寄托在激情思维上的时候，就会因为有了激情而全力以赴，对他们的行为产生潜移默化的影响。

相对而言，如果一个人长期坚持理性思考，就会遵循常规，就会默认自己不能做"出格"的事情，从而把想象力和创造力限制在一个可见的范围内，就会对一些能够带来激情的东西选择性无视。

激情思维和理性思维并不完全冲突，它诞生于理性思维之后，一个人要先熟悉手头的工作，形成一种循规蹈矩的工作风格，经过日积月累的磨炼让自己的思维寻求方向上的突破。换句话说，激情很难在工作开始时就产生，它需要长期酝酿，才有爆发的可能。很多人缺乏耐心，上来就渴望激情爆棚是不现实的。

打破常态，前提是要熟悉常态并看透本质。只有那些对工作专注的人，才能真正了解自己的工作，才能发现工作的美妙之处，继而产生激情。工匠思维是对待职业的专业态度，它看重的是如何产出和创造，关注自己的思维能够带来的价值，而这些都是和情感密切联系的。一个对工作毫不熟悉的人不会产生情感，也没有点燃激情的燃料。那么，激情思维有哪些优势呢？

第一，能够消磨无聊和枯燥。

即便一个人再热爱自己的工作，也不会每时每刻都能全情投入，因为人终究是人，不受程序的控制，有时候难免会出现情绪低落、思维不振的情况，这时就容易对枯燥的工作环节产生排斥，敷衍了事甚至半途而废。而激情思维会让你跳出这种按程序做事的模式，突然发现工作中一些有趣的内容，会利用情感的冲动加深对工作的依恋，避免让自己陷入沉闷乏味的状态中。

第二，最大限度激活灵感。

人人都知道灵感的重要性，更知道工匠要想成为巨匠，需要灵感。但灵感从何而来呢？其根植于日复一日的重复性工作，这是一个量变的过程，但更重要的是质变，它是由情感的迸发带来的，这需要你敢于用颠覆性的视角去看待熟悉的工作，因为激情思维本身无所畏惧，它并不在意权威和世俗的要求，能够让你换一个角度去思考问题，当你进入到亢奋的状态时，你所关注的就是你的"胡思乱想"发现了什么以及能带来何种变化。

第三，了解自己所爱。

在生活中，缺乏激情的人是无趣的，人们很少能感受到他们有爱存在，除非经年累月的接触。在工作中也是如此，当你无法焕发激情时，你就被锁定在常态之下，对手头的工作只有"完成"的诉求，丢掉了必要的情感，会导致在挑战来临时缺乏勇气和力量去面对。

因为一个人很难会为一份工作冒太大的风险，但如果这份工作变成了理想和信仰，态度自然就不同了。当你意识到自己热爱手头的工作时，你才愿意对它进行合理的创新。

第四，关注内心。

当一个人的认知体系中出现"权威""规则"等字眼的时候，也就意味着一个人失去了"自我"，也就是失去了怀疑精神。为何不敢怀疑，因为你的思维自主权被剥夺了，其被控制在规矩之中，这和工匠思维是背道而驰的。如果你带着激情思维去工作，就会因为情感的表露而发现自己的真情实感，就有机会关注到自己的内心，自然不再担心被规矩束缚。

当一个人被激情思维驱动的时候，往往能够证明他对工作有了发自内心的热爱，这种热爱如同一盏明灯，能够照亮通往顶层的道路，无论期间要经历多少迷茫和困惑，都会因为敢于打破常态而实现"破冰"，将自己从常规思维的桎梏中解放出来。

2 奉献自己的体力，还要贡献自己的点子

想要成为顶级的工匠，需要劳力劳心地工作。劳力，指的是在工作时要勇于付出，不能只是空想或者耍嘴皮子，要真刀真枪地上阵实操，从实践中积累经验并寻找灵感；劳心，指的是在工作中要有悟性，不能一味地努力而不去思考，这样只会让思维惰化，沿着前人的足迹而缺乏创新精神。

劳力并不是盲目地出苦大力，而是有技巧地付出体力，主要体现在三个方面。

第一，保持强大的耐力。

耐力是做好一切事情的支撑力，没有耐力，你的头脑再聪明也发挥不出来，因为你很快就会受到干扰而放弃思考；没有耐力，你的技术再精湛也无法展现，你会因为偷懒而减少动能输出。那么，如何才能保持旺盛的耐力呢？这需要你合理地安排时间，懂得劳逸结合，既不能让自己长期处于亢奋或者紧张的状态中，也不能处于闲散和空虚的状态中，这样才能有利于保持对事物的兴趣，一旦过度挥霍你的精力就会透支。

第二，保持旺盛的活力。

仅仅有耐力，只相当于你的"电量"有多少。但即便电量满格，

也不代表着你处于最佳状态，因为你可能思维变得迟钝或者过于敏感，这将阻碍你做好手头的工作。一个人要想在重复性的劳动中产出创意，必须要从内向外地散发出一种灵气，它会受到你活力的影响。想要保持旺盛的活力，就要从两个方面入手：一方面，不断观察身边的事物，接受足量的信息，及时更新大脑储存的知识，这样思维就得到了更新，就能保持足够的活性；另一方面，多和对你有帮助的人打交道，从他们身上吸收知识、经验以及乐观的态度，这些都会让你处于良好的情绪状态中，活力四射。

第三，保持坚韧的意志力。

当我们遭遇挫折时，耐力只能决定我们撑多久，而意志力却能决定我们是否能撑过去。它是坚定信念的折射，它不会像耐力那样容易耗尽，但也不像活力那样容易从外界汲取，它需要一个人长年累月地修炼，养成一种对抗挫折的积极态度，在这种态度的支持下产生反抗的强烈斗志。要想真正具备意志力，除了给自己输送强大的信念之外，还要对你从事的工作赋予热切而真挚的情感，情感看似无力，但当你遇到挫败时，它会源源不断地提供给你继续下去的勇气。

耐力、活力和意志力，决定了我们在工作中的体能和精神状态，它是一个人坚强而精力充沛工作的前提，但仅有这些还不够，你还要对自己的大脑进行开发，在你为工作付出体能和精力的同时贡献出有价值的点子。

英国小说家毛姆在没有成名之前，他的小说一直无人问津，生活十分潦倒，终于有一天，毛姆想出一个绝佳的创意，他用身上的最后一点钱在报纸上刊登了一个醒目的征婚启事："本人是个年轻有为的百万富翁，喜好音乐和运动。现征求和毛姆小说中女主角完全一样的女性共结连理。"结果广告刊登后，书店里的毛姆小说被一扫而空，不少女性都想知道女主角到底什么样。自此，毛姆的写作才华被大家发现，他小说的销量与日俱增，这个奇妙点子改变了他的命运。

点子可以理解为创意，也可以解释为建议，它必须是你独创的、有价值的信息，或者是直接用在你的工作范围内，或者是对他人的工作有指导作用，特别是对需要团体合作的工作，一个好点子能够提高工作效率，或者能清除隐藏在工作中的隐患。

那么，一个好点子是如何诞生的呢？我们不能把它笼统地归纳为灵感，因为灵感是很难捕捉的，有很强的偶发性，一味地等待灵感是一种懒惰和投机的心态。事实上，一个好点子的产生并不难，但它需要在日常工作中进行有规律的思维训练。

第一，活跃想象力。

虽然想象力因人而异，有的人天生丰富，有的人向来枯竭，但它可以通过训练来加强。最直接的办法是在工作间隙中对你手头的工作展开丰富的联想，比如产品是否可以增加某项"黑科技"，比如某个服务是否可以更加人性化。在进行这种想象时，不要限制自己的思维，让它任意驰骋，更没必要产生任何压力，因为你的目的就是放飞想象力，让你的思维从刻板的、固化的状态中解放出来。当然，进行这种训练不能影响你正常工作的进度，也要掌握分寸，不能胡思乱想，而是要以行业规律和客观事实为依据。

第二，锻炼逻辑能力。

想象力是寻找点子的向导，而逻辑能力就是对点子进行包装加工的"技术人员"，逻辑能力主要由多看书、多思考和多交谈三个部分组成：多看书的目的是掌握一些专业知识或者是相关的跨界知识，让你的大脑建立系统化的知识体系，它会让你在分析问题时有章可循。多思考是在看书的时候，认真领会作者的观点，同时也要敢于质疑作者的观点，带着挑战权威的心态去阅读，这样才能激活你的思维，让你逐渐拥有过硬的推理能力。多交谈是和有思想的人交流，你可以和对方的观点一致，但要了解他的切入点是否和你相同，这会帮助你转换视角；你也可以与对方的观点相左，但要尊重对方的看法并了解分歧存在的原因，无论谁是正确的，你都会在探讨的过程中锻炼你的逻辑分析能力。

第三，提高共情能力。

共情是人们了解他人感受的能力，无论是在工作上还是在生活上都有重要的作用。如果你是一个推销员，能够了解客户的真实需求，那么你就会更容易找到打动对方的途径；如果你是一个谈判专家，理解罪犯的需求，那么你就会更容易找到说服他们的办法；如果你是一个教师，了解学生的想法，那么你就会更容易找到因材施教的途径……换句话说，共情能力帮助你捕捉灵感，能够让你和他人的情感世界实现对接，扩大感知范围，更容易发现被别人忽视的东西。

当你的想象力、逻辑能力和共情能力得到提高后，再进入工作状态时就会接收到更多的信息，而此时你会用逻辑分析快速筛选，进行信息沉淀，用丰富的情感放大信息中有价值的部分并展开合理的想象，这样一来，你的脑海中就会跳出让你意想不到的点子。

要想践行工匠精神，必须让身体和大脑同行，一个磨炼的是基础体能，另一个磨炼的是进阶思维，二者是相辅相成的，在它们共同的作用下，你会越来越清晰地理解手头的工作，在认清它们本质的同时找到有意义的解决方案，这不仅能助推你个人事业，也是在成就他人、团队和整个世界。

3 每个人都拥有创造力，只是需要被释放出来

创造力是致敬工匠精神的重要存在，创造力能带来奇迹，可以改变人们的生活乃至整个世界，所以很多人都把创造力当成提升自我的关键。那么问题来了，你认为自己有创造力吗？假设你像别人那样去认知创造力，其结果就是你会发现自己并不真正具备。因为在大多数人眼中，创造力是罕见的、神秘的，只有登临行业顶尖的人才能拥有。

其实，创造力并没有那么神秘，它是可以被开发和激活出来的，创造力主要来源于我们的右脑，因为它是一种形象的、生动的能量。从这个角度看，每个人都有获取创造力的土壤，问题的关键在于你如何去激发它们。

第一，正确认识灵感，掌握捕捉灵感的技巧。

不知道你是否有这样的体验，那些奇妙的想法也即灵感往往是稍纵即逝的，当你还没有认清它们时，灵感就会飞一般地从你的脑海中穿过，如果你不能及时地捕捉它们，它们就会彻底消失在你的脑海中，即便你能够想起一部分，也无法真正让它们为你所用。

超现实主义画家达利就是一个善于捕捉灵感的人。因为他的很多想法是在半睡眠的状态中产生的，为此他经常让自己坐在椅子上，

手里拿着钥匙对准地板上的金属盘子，然后进入半睡眠状态。只要他进入深度睡眠，手就会松开，钥匙随之掉入盘中发出的声响将其唤醒，他就会马上画出半梦半醒时目睹的奇怪景象。

一个人无论多么忙碌，总会有睡觉的时候，那么不妨体验一下达利的半睡眠状态，它会让我们有一种神秘的体验，这种体验会启发我们的思维，对固有的认知进行重组，让我们对世界有全新的认识。

当然，达利捕捉灵感的方式有些另类，也不适合所有场合，所以最简单实用的办法就是随身携带一个记事本，将你脑海中产生的灵感快速记录下来，这比掏出手机记录更方便，因为手写内容往往记忆更深刻。

如果你的脑海中没有诞生任何灵感，那也不要着急，先找个安静的环境，闭上眼睛，让你的思绪自由放飞，一定要进入全身心放松的状态，不要对你的思维做出任何理性的干预，这样你会发现身体好像离开了你所处的环境，再继续下去，你就能保持良好的精神状态，体验平时无法体验到的特殊经历，而这些经历中可能隐藏着创意。

捕捉灵感的关键在于你有意识地去创造灵感诞生的环境，不要让外界嘈杂的声音干扰你的思路，这会影响到灵感的迸发。

第二，主动为自己创造困境。

很多人不知道，一个人遭遇困境时也能产生创造力，对此一些人会产生怀疑，他们会认为当挫折来临时大脑会一片空白，思绪混乱，根本不可能产生奇思妙想。其实很多时候，越是失败越能够产生新的创意，因为失败会逼迫我们产生强大的动能，这是源于感性和理性的双重作用，你会为了防止新的失败而想出应对策略，也会因为不想体验失败的感觉而激励自己，这会加快你产生创意的过程。

1975年的一天，一个名叫基思·杰瑞特的美国音乐家在科隆歌剧院参加一个音乐会的演奏节目，就在他即将弹奏时，发现钢琴的高音键出了问题，无法让剧院里所有的观众听到，杰瑞特打算放弃，然而演奏会的经纪人恳求他继续演出，杰瑞特在万般无奈之下坐在了钢琴前，然而当音乐响起时，奇迹发生了：杰瑞特有意避开了曲目中的高音部分，用键盘上的中音区进行演奏，让音乐变得舒缓并产生了环绕音效，由于钢琴的声音太小，杰瑞特还在低音区制造一种轰隆隆的声音作为即兴重复片段，甚至还起身用力敲击琴键，让后排的观众也能听到。结果，这次表演十分成功，观众们一致认为：杰瑞特弹奏的曲目既安静又充满力量。杰瑞特遭遇了避不开的困境，但他也被这个困境激发出创意并大获成功。

第三，不断学习和积累。

灵感本身可能是虚无的，但它最终要作用于现实世界，所以你还要掌握相应的知识体系去指导和使用它，否则再绝妙的创意也不过是空想。换句话说，当你的知识越丰富，知识类型就越多样化，你能够产生的创造潜力也越大。

在19世纪40年代，一位名叫乔治·梅斯特拉尔的瑞士工程师从森林里回来，裤子上沾满了一些小刺果，让他很是心烦。后来他通过显微镜发现，小刺果之所以很难摘掉，是因为它们身上有着众多的钩状物挂在了布料纤维的线环上。原本这个发现没什么了不起，掌握着其他领域知识使他的灵感迸发出来：能否利用这种钩状物制造某个生活用品呢？最终，梅斯特拉尔设计发明出了挂钩与搭环，这都得益于他平日里在工程学、生物学方面的知识积累。

想要让你的创造力最大化，就要让你的知识储备最大化。广泛涉猎的人，能够在碰撞到灵感的火花之后从多个角度看待事物，自然思想层面的收获也增多，如果一个人知识贫瘠，那么看到什么都只能停留在表面，无法拓展和延伸。因此，我们应当在平时多涉猎一些自己专业领域之外的知识，让我们的思维具备相对全面的认知基础。

第四，不断进入多样化的环境。

当一个人长期处于一个恒定的环境时，每天看到的和听到的东西就变得十分有限，久而久之思维就会被束缚，而且这种封闭的环境会降低一个人的社交和感知能力，不利于捕捉和创造灵感。因此，为了寻找更为广泛的刺激源，我们应当尝试着给自己寻找新的环境，比如你经常在书房里写作，那么不妨在卧室里写一段日子，或者你习惯在公园里思考，那不妨换到咖啡馆去体验一下。如果受制于现实条件，我们还可以通过改变物品来创造新环境，比如把电视的位置挪动一下，把床头柜上的台灯换成平板支架，再或者增加几盆绿植，这些都能给予你不同的刺激源，让你的思维不由自主地进行切换，说不定就能产生新的灵感了。

如果你有一个工作团队，那么改变环境的受益者就不仅仅是你自己，你的队友们也能感受到全新的刺激，进而产生新的灵感。而在团队中一个灵感的价值是很大的，它能够让团队成员互相交换思想，一个好的想法经过多个思维的加工变成若干个想法，它所产生的经济效益也是呈几何式增长的。

其实，创造力远没有我们想象的那么神秘，只要我们愿意对其重新定义，就能拓宽获得创造力的渠道，解决长期困扰我们的问题，还会让我们的生活富于变化，增添情趣，这对于我们的情绪体验来说也是一件好事。"文章本天成，妙手偶得之"，那些天才的奇幻想法也是来源于对现实生活的感知和体悟，而你也生活在类似的环境中，只要找对方法，产生创造力只是时间问题。

4 创造力是精通的副产品

北宋射箭能手陈尧咨，有一天他在集市上练箭，射出十箭能中八九箭，围观的人纷纷叫好。陈尧咨也自鸣得意，然而有个卖油的老头却不以为然。陈尧咨很不高兴地问道："你会射箭吗？你看我射得怎样？"老头说："我不会射箭。你射得可以，但并没有什么奥妙，只是手法熟练而已。"随后，老头把一枚铜钱盖在一个盛油的葫芦口上，取一勺油高高地举起再倒向钱眼，最后油倒光了却没有沾到那枚铜钱一丁点油。

"我亦无他，唯手熟尔"是这个故事的寓意，也引申出了"熟能生巧"这个成语。从开发创造力的角度看，一个人只有熟悉了某件事的操作流程，才能从中找到更快捷、更有效的技巧，而这个技巧就是创造力。创造力是什么？是把平常的、平凡的事物变得卓越，与众不同。

现在很多人都重视创造力的开发，尤其是不少企业把培养员工的创造力当成重点，因为他们意识到有创造力的员工才能给企业带来更多的价值。然而，创造力不是一蹴而就的，也不会凭空而来，它需要经过开发的过程，而这个过程就是不断地进行实操。

实操包含着思想上的重复和行动上的重复。

思想上的重复是指对手头工作策划、分析、推演、总结等一系列思维过程，它虽然属于"纸上谈兵"，却是在构建和完善理论，对实践有重要的指导作用。需要注意的是，思想的实操与空想是不同的，空想是一个笼统的、模糊的想法，比如你想制造一辆无人驾驶汽车，你为它构想了很多超级炫酷的功能，这只是空想，而当你开始为这辆汽车设计图纸并写出每个功能的落实方案时，就属于思想层面的实践了。它虽然没有转化为现实，但已经在着手考虑如何实现的问题，这就具有了很高的实用价值。当然，这个过程不会是一次成型的，你可能在设计的过程中发现错误并着手修改，那么这个反复加工思维的过程就是重复的，它能够锻炼你的思维，让你的设计思路更清晰准确。

行动上的重复是对想法的落实，也就是动手去做的过程和结果，它可以看成是思想实操的延伸，也是对思想实操的检验，对完善理论部分有重要的反馈作用。比如你已经为一辆无人驾驶汽车设计好了图纸，那么接下来是制造零部件、组装、调试、检测等行动，这个行动过程需要付出时间和精力，仅仅制造一辆无人驾驶汽车所积累的经验是有限的，只有制造多辆汽车时才会发现隐藏的问题，当你逐个解决这些问题并总结出某种共性时，你的行为才是不断重复的，而这就是"熟能生巧"的前提——熟练地实践。

无论是思想层面的实操还是行动层面的实操，都会让人进入到不断重复的过程中，这对于一些人来说是枯燥乏味的，但也正是有了周而复始的思考和动手，你才能发现更多客观规律，这些规律能够引起思想和行动上的质变，比如对你的设计理念进行改良，让你找到一条更加高效的设计路径，也能让你总结出最快捷的创造过程。当然，这个质变还不是真正的创造力，它只是创造力的萌芽。

那么创造力的真正形态是什么呢？是对你思想的一次彻底颠覆。比如你想设计一台超级智能的电脑，经过你的设计修改和实际制造，你会发现计算能力再强的电脑也无法和人脑的某些优势相比，于是你把电脑和人脑进行了连接，设计并制造出了更为先进的"超 AI 电脑"，这就是创造力诞生。

有些人在苦苦追求创造力，然而最终徒劳无功，其原因是他们只把目标锁定在"创造力"上，而忽视了过程。实际上，创造力也好，灵感也罢，它们往往是创造者计划外的存在，是在你不断重复变得精通之后的副产品，所以要先学会精通而后才有创造。那么，"精通"对践行工匠精神有哪些作用呢？

第一，完善认知体系。

任何行业和技艺都有属于自己的知识积累和相关规范，当一个人还没有入门时，这个体系是残缺的、片面的，只有当一个人真正进入到这项工作中并熟练掌握了相关技巧，才能从多个角度、维度和深度去认识体系，也只有达到这种程度，才能从思维上完成作为工匠的基本要求，这是培养和激活创造力的认知基础，因为一个人怀着错误的观念去创新是很可怕的。

认知体系是指导创造力的思维力量，体系越完善，看待事物和解决问题的能力就越强。当你产生创意之后，能够快速地判断它是否合理，也能够指导你如何在实践中完成它。因此，不要小看重复性动作的积累，它们看似枯燥，实则是帮助你逐渐勾画一门技术的整体轮廓，正如用铅笔在纸上绘图，勾画的次数越多，线条就越粗壮清晰。

第二，增强协作能力。

很多产品和服务无法独立完成，它需要整合不同的技艺才能形成最终的产品，那么在这个整合的过程中需要团队配合，可能是平行关系的同步配合，也可能是顺序关系的先后配合，总之你的工作完成度影响着他人的工作成果。很多时候，创意正是源于不同思维的交叉碰撞，可以看成是跨界的灵感，它能够让你了解别的工序中对产品和服务的认识角度，从而触发你的新思维。

在协作中产生灵感并非易事，因为不同工种、工序之间难免会存在矛盾，每个人的脾气秉性不同，如果无法保持和谐友好的协作气氛，不要说创意的诞生，恐怕连基本的工作任务也难以完成。因此，只有长年累月的协作，才能磨合团队的融洽指数，而当你和他人建立起默契时，你才更容易被激发创造力。

第三，提高审美情趣。

美是一个既形象又抽象的概念，它也是能直接体现工匠技艺的元素，但是想要真正参悟到美的真谛，仅仅从书本知识中学习是不够的，还要在经年累月的实践中去发现，这包含着两个组成部分。

第一个部分是完善自己的审美情趣，这是很多人从学徒升级为工匠之后的重要收获，只有亲身实践，才能见证一个创意从图纸转变为现实存在，才能让美学概念从书面上的定义生成为可视化、可触摸的存在，从而检验你对美的理解和认识。

第二个部分是了解他人的审美偏好，这是不断和用户、市场打交道所获得的经验，如果一个工匠接触的受众市场非常狭小，那么他对美学的认识会有局限性，他的美学观就很难被更多的人接受。所以，只有不厌其烦地和你的受众目标打交道，扩大取样范围，才能修正并完善对美的理解。这种精通会让你在产出创造力时，能够从大多数人的视角出发，使产品具有更强的适用性。

第四，深化对市场的理解。

市场反映着对一个产品或者服务的需求和要求，它是一个相对复杂的概念，而且会随着时间和环境的变化而变化。所以一个工匠想要保持对市场的敏感度，就要不断地在自己的领域中深耕，才能逐渐摸清它变化的方向。如果你只能在某个阶段积累琐碎的知识和经验，那么就很难对市场的风向变化做出正确的预测，纵然你技艺出色，所造之物却无用武之地。

对工匠而言，任何重复性的劳动，都是熟能生巧的鲜活案例，它不仅包含着熟练技术，也包含着熟悉工作团队、客户群体乃至整个市场，是产生创造力的源泉，也是个体从平凡走向优质的必经之路。

5 改变流程和技术，提升"生产力"

一件作品要想达到完美的程度，必须要将每一个工作步骤和环节都做到极致，换句话说，工作从来都不是一个简单的动作，而是一连串行为。但是从另一个角度看，当我们熟悉了一项工作的全部过程，往往很难再去反思，会习惯性地认为这些流程都是正确的。诚然，按照固定的流程工作不会让我们犯错，但也不会提升效率，因为当前的工作效率是被工作流程所决定的。

想要成为一个工匠式的精英分子，绝不是只安心做一个熟练工人，那样全世界就都是工匠了。之所以有的人成为工匠，有的人只是学徒，主要区别就在于是否能定期更新专业技术并优化工作流程。

人类的生产力在不断进步，生产关系会随着生产力的变化而调整。工作流程代表着生产秩序，它和生产关系有异曲同工之处，会对生产力起到反作用。因此，当一项工作需要在效率上提升时，我们就要考察生产秩序是否还能适用于当前，如果已经起到了阻碍作用，就要改变它。

具有工匠精神的人，绝不会一辈子老老实实遵守一种生产秩序，因为精益求精的前提是改变现状。

传统工艺錾刻在中国有将近3000年的历史，它使用的工具叫錾子，上面有形状不同的花纹，当工匠敲击錾子时，就会在金、银等金属上錾刻出各种浮雕图案。它是一门相当精细的技术，此外还要经过熔炼、掐丝、整形等多道工艺，每一道工艺都马虎不得。因此，要錾刻出一个精美的图案，首先就要开好錾子，而每开一个錾子都是一次技术创新，因为材料不同、操作环境不同、工具的保养状态不同，如果只按照上一次的经验去做，很容易失手。

孟剑锋是一位錾刻大师，他曾经在北京的 APEC 会议上送给外国领导人一个类似草藤编织的有质感的果盘，里面有一条柔软的银色丝巾，丝巾上的图案清晰简洁，是绝佳的錾刻作品。当时，为了做出果盘的粗糙感和丝巾的光滑感，孟剑锋经过多次试验，不断改良工作流程和技术，前后制作了近 30 把錾子，最小的一把在放大镜下做了 5 天。然而这只是第一步，最难的工作是在厚度仅有 0.6 毫米的银片上，进行上百万次的錾刻敲击制作图案，这需要下手时稳准狠，如果有一次失误就会前功尽弃。孟剑锋经过多次尝试，最终打造出了精美绝伦的国礼。

虽然孟剑锋是錾刻大师，但是不同的工艺品对技术和工作流程的要求不同，如果一味恪守以往经验，很难制作出有创造力的艺术品。敢于尝试、乐于琢磨的态度和职业操守，让他最终攻克了一道道难关，向外国友人展示了中华民族的传统工艺。

当我们习惯了某项工作的制作流程后，我们的思维在某种程度上也被限制了，导致生产力难以提高，而很多人并没有意识到这一点，他们还错误地认为是自己没有严格按照流程操作，结果在固化的工作秩序中越陷越深，最终只能产出平庸之作。其实，当你意识到生产秩序对生产力缺乏正向的作用时，不妨尝试一种新流程，和原有的流程进行对比，这样才容易确认是否要继续恪守规则。

工匠需要一双灵巧的手，更需要一个灵活的头脑，如果只是按照规则办事，那么人类只要发展智能机器人就可以了，何必还要让人去学习工匠精神呢？人最宝贵的价值在于能够反思自己的行为，能够创新原有的程序。

我们常说下棋是"一步走错，满盘皆输"。其实对工作来说，如果每一个步骤都按照固定的方法来，可能满盘皆输，因为当你还按照老规矩做事时，你的竞争者已经使用了新的流程和技术，让你处于落后位置。当然，对工作有着规范化要求本身并没有错，错的是你认为符合规范化的流程只有一种，脱离这种模式就会失败，这种思维模式才是限制你提高生产力的根本原因。

技术会随着时代的发展而提高，人对工作的参悟会随着时间的积累而改变，所以提高技术不是最难的，难的是我们不能依赖于旧有的经验，要把每一个工作环节拆分开来，重新分析并做出推断，这样才可能找到更利于生产力释放的新途径。有的人之所以懒得反思，是因为他们忘记了这个世界的很多标准都是人类自己设定的，那么人类同样有权利重新定义。

一个人没有严格按照流程办事，是不负责任；一个人只知道按照流程办事，同样是不负责任，因为他缺乏为试错而承担的勇气。毕竟，改变一个执行很长时间的流程是一种冒险，可能会给试错者带来物质和精神上的损失，但这种敢于钻研和开拓的气度，不也正是工匠精神的可贵之处吗？当你向现有的技术和流程妥协时，也就在客观上把责任推给了别人：生产力不能提高，责任不在你而在"流程"。如果每个人都带着这种心态去工作，怎么可能产生有创新价值的工作成果呢？

我们的思维是最宝贵的财富，我们要时刻去开发并利用它，让它保持在亢奋的状态中，而墨守成规就是对生产力的最大束缚，也是对创新思维的背离。很多时候，我们不够优秀并非是技术差，而是被我们所熟悉的流程牵绊，这让我们距离工匠精神越来越远。

6 不做简单调整，只做重新设计

美国人迪士尼在出名之前的生活十分落魄，他原本从事美术设计，失业之后和妻子住在一间满是老鼠的破旧公寓里，后来连房租都付不起，被房东赶出了公寓。走投无路的夫妻二人坐在公园的长椅上，突然一只小老鼠从迪士尼的行李包里钻出来。小老鼠滑稽的面孔让夫妻二人感到很有意思，他们忘记了生活的不幸。就在这时，迪士尼忽然闪出一个念头，他激动地对妻子说："好了！我想到好主意了！世界上有很多人像我们一样穷困潦倒，他们肯定都很苦闷。我要把小老鼠可爱的面孔画成漫画，让千千万万的人从小老鼠的形象中得到安慰并感到愉快。"迪士尼产生了这个"疯狂"的想法，马上付诸实践，若干年过后，米老鼠成为世界闻名的卡通动物形象。

老鼠原本是人类讨厌的一种动物，将这种动物改造成活泼可爱的卡通角色是没有人想过的。迪士尼创造了米老鼠，这不是简单动画形象的调整，而是一种颠覆性的设计，这是一种伟大的创新。

当索尼将卡带录放机精简为可以别在腰间的随身听时，创造了上亿的销售神话；当苹果将手机变成新的智能终端时，手机王者诺基亚开始走向没落；当阿里巴巴推出免费开店的政策时，eBay 被驱逐出了中国……在无数人争当"工匠"的时代，只有敢于进行颠覆性创新的人才能成为顶级工匠。

颠覆性的创新就是对事物进行重新设计，它本身有一定的风险，所以有些人选择了折中方案——只做微调，让产品看似比之前有了进步，实质上并没有摆脱原有的形态，这不是谨慎，而是胆怯。推倒重来，并非是藐视原有概念的轻狂，而是一种志在创新的信念和勇气。

为什么很多互联网企业热衷于"破坏式创新"呢？因为破坏意味着重新开始，打开一个新市场，用户获得的可能是全新的体验，比如，360宣布杀毒免费时，开启杀毒软件的免费时代，这是对产品概念的重新设计；小米手机打出了"低价高质"的营销牌，这是对行业生态的重新设计。不进行破坏性的从头再来，受限于之前落后的状态甚至是错误的模式，它们不会成功。

那么，工匠精神的重新设计体现在哪些方面呢？

第一，工作态度。

当今社会人们心浮气躁，很多人习惯于追求"短平快"，希望投入少，周期短，回报快，这其实违背了工匠精神的基本准则，因为无论是匠技还是匠心，都需要一定时间的积累，很难获得即时利益。这种功利性的需求就决定了很少有人会沉下心去思考，而是以回报作为衡量标准，导致了做事不够认真，能不调整就不调整，能小调整就小调整的局面，懒得去重新设计，创造出浮夸和不实用的产品，无法满足用户的真实需求。所以，工匠应当先审视自己的工作态度是功利的还是敬业的，不纠正态度将无法从根本上改变工作成果。

一位老木匠向老板递了辞呈，准备回家与妻子儿女享受天伦之乐，老板舍不得这样的好员工，问老木匠能不能帮他建造最后一座房子。老木匠虽然答应了，但此时他的心思已经不在工作上，所以用的是废料，做的是粗工。等到房子竣工时，老板亲自将大门钥匙给了他："这是你的房子，也是我送给你的礼物。"老木匠顿时目瞪口呆。如果老木匠能够端正工作态度，怎么会收到一座由自己建造的豆腐渣建筑作为礼物呢？

第二，思维模式。

工匠实操之前，头脑中已经勾画出了如何动手的"预期图纸"，这个图纸可能是前辈传授的，也可能是工匠在实践中自己悟到的，无论来源如何，它都有存在错误的概率，而且随着时代的发展，这些思维模式很容易过时，与市场需求脱节，与人们的审美观念背离，所以工匠要定期更新思维模式，追赶时代变化的脚步。

一个夜市有甲、乙两个卖面线的摊位，位置相邻且座位数相同，然而一年后甲赚了钱，乙却没有。为什么会出现这种差别？原来，乙的生意虽然不错，但刚煮出来的面线很烫，顾客要15分钟才能吃完一碗，而甲把煮好的面线在冰水里泡30秒再给顾客，温度正好，顾客吃得快也走得快，顾客更多，钱也赚得更多。由此可见，乙不懂得改变思维模式，自然吃了亏。

第三，用户策略。

用户是如何思考的？用户究竟需要什么？这些是各个行业的工匠都应当思考的问题，所以也就有了一些约定俗成的用户策略，比如针对大客户的上门走访、针对普通客户的打折送券等等，但这些策略会随着用户的成熟而效率低下，也会因为时代的发展而弱化了应有的作用，所以要学会重新设计用户策略。

小米手机在正式上市之前，首先推出的 MIUI 系统是基于安卓系统的一种改造，为了让用户产生足够的参与感，小米通过论坛定期对用户提出的意见酌情采纳，很快就引起了广大"米粉"的关注，用户和小米的互动频率越来越高，通过用户又进行了二次传播，抓取了更多的潜在用户，这就是重新设计用户策略的成果。

第四，营销方法。

工匠也离不开营销，特别是在自媒体时代，每个人都能成为传声筒，每个人也都有营销自己的需求。对工匠来说，传统时代只要有雇主付钱，自己埋头苦干就可以了，然而在信息爆炸的时代，被动地等待雇主或者用户上门既不现实，也剥夺了工匠的自主选择权，所以工匠要敢于打破传统的营销方法。

国外二手车销售员理查德，每次卖车时都会把想要看车的人约在相同的时间和地点。通常，第一个到达的人会按照标准程序检查车子，试图找出一些问题然后压价，不过当第二个人到来之后情况就不同了，理查德会告诉那个人："对不起，他比你先到，能不能等几分钟，让他看完了再说，如果他不买我会让你看的。"结果，第一个来看车的人就没有心情挑毛病了，因为他意识到如果自己不尽快决定会被第二个人抢走。当第三个人来看车时，第二个人又会感受到压力，所以三个人当中总会有一个人需要尽快下定决心买车。

工匠要提升自己的洞察力，就要善于发现被人忽视的东西，也要敢于去做别人不敢做的事情，这样才能从一个只会按照图纸工作的普通匠人升级为洞察万物的大师。

7 成为建议的原创者，而非传播者

日本有一家名叫"小久保工业所"的公司，生产的都是些"不入流"的生活用品，比如蔬菜去皮刀、洗漱用品以及衣服挂钩等，然而每一件产品的构思都非常巧妙，在展出后引起了人们的关注，比如牛油果切割刀，看起来构造简单，可是和其他刀具相比，它能够快速地完成牛油果的探入、切片以及去皮的过程，仅仅需要几秒钟，价格又很便宜。不少人纷纷感叹于日本的设计师的脑洞。

为何小久保工业所能产生优质的创意并付诸现实呢？因为他们的团队做得最多的事情就是开展头脑风暴：经常聚在一起，轮流提出对产品的设计和改良建议，绞尽脑汁把这些想法转变为切实可行的设计方案，所以才能源源不断地产出好东西。

恩格斯说过："外部世界对人的影响表现在人的头脑中，反映在人的头脑中，成为感觉、思想、动机、意志。"借用这句话我们可以发现，建议就是我们对外部世界的看法，它是我们头脑和内心对外部世界的反映，是连通我们和世界的通道。

无论这个世界在我们看来多么复杂，我们都可以去简化它，这个过程就是让我们的建议得到实践的过程，当然我们要为之付出努力，让我们的建议符合事物的规律，从而提高我们创造和改变事物的能力。

反之，如果一个人只会人云亦云，只是借用别人的视角去看待事物，借助别人的思维去理解世界，那么他只能平庸地沦为一个传播者而非原创者。当然表面上看，做传播者未尝不可，但问题在于，别人的看法未必是正确的，即便是正确的也未必适用于你，甚至可能对你产生危害。所以，当一个人习惯性地做传播者时，他就把自己的未来交给了别人，这是一种短视；更糟糕的是，他只能借助别人的思维成果去指导自己的实践行动，这是一种懒惰，是对受众、市场乃至整个社会的不负责任。带着这种心态去工作，只能机械性地重复，永远和原创无关，更脱离了工匠精神。

敢于提出自己的建议，是一种职业操守，也是一种技能需求。

当你习惯性地传播他人的工作经验时，意味着你并没有真的要提升个人的技能，你从事的工作只是为了混口饭吃，你没有投入情感和精力去了解它，所以你也放松了对自身的要求，只要能够达到行业的平均水平甚至更低就可以了，因为你的目标是不被淘汰，而非追求卓越。

那些敢于并善于提出建议的人，他们才是对自己、用户、市场和社会负责的人，因为他们知道只是盲目地学习他人的经验和认识，不仅不会提升自己的才能，反而会距离工匠水准越来越远，彻底成为跟风者。

从本质上看，跟风者就是学徒，当你热衷于传播他人的建议时，你具备的只是"学徒精神"，这与工匠精神有显著的差别。

第一，是否畏惧权威。

刚开始学习技艺时，对权威心存畏惧是合情合理的，因为还没有掌握熟练的技巧，所以循规蹈矩地学习是正确的。可如果学徒已经完成了入门课程，开始朝着熟练的阶段发展时，再一味地听从师父的话就有些愚蠢了。毕竟已熟知了基本操作，应该具备相对独立的思考能力，敢于反驳权威并能找出相应的依据才是修炼匠心的开始，反之则代表着你不敢迈开大的步子，不敢脱离权威的指导自己去尝试，这种唯唯诺诺的状态注定你只能传播别人的建议。

第二，是否正视自我。

对于学徒来说，刚入门的时候还不了解某种技艺和自己的契合度，很难正确认识自己。可如果学习了一段时间之后依然不能想清楚某些问题，那就意味着你缺乏原创能力，比如你对自己的职业规划是否有清晰的发展方向或者你对团队的发展有何想法……这些问题都关系到你未来的发展，也能检验出你是否真的能从学徒升级为工匠，因为工匠在了解技艺之前首先要认识自己以及身边的合作者。

通过这两个特征，你可以判断自己是停留在学徒阶段还是工匠阶段，如果是前者，那就要寻找原因：为什么我还不能独立地分析和解决问题？因为当你具备了这两种能力之后，你才敢于提建议，这代表着你心里有底气，而如果你的能力不足，就无法应对各种现实问题，只能人云亦云。

保持学徒之心并非都是错误的，它可以让一个人戒骄戒躁，以谦虚谨慎的态度在工作中积累经验，进行二次学习，也能让一个人虚心接受他人的意见而完善自我。但从根本上说，学徒之心应该深藏在工匠精神的内核里，而不是让人形成一种认为自己缺乏提建议能力的条件反射，这对工匠思维的培养是非常不利的。

当你勇敢而睿智地提出第一个原创建议时，你不仅距离工匠更进一步，还会因此获得成就感和自我价值感，因为直到这一刻你真正摆脱了学徒之心，不再是某个大师的复制品，也不会是某个行业的底层设计者，而是一个拥有独立思考能力的从业者，或许你的建议还不够成熟，但只要其源于你在工作中的心得体会，就代表着一种希望和动力。

8 碎片化思维：匠心 2.0

国外曾经有一场著名的棋王争霸赛，一个 10 岁大的孩子对战上一届的棋王。在外人看来，这是一场力量悬殊、毫无悬念的博弈，然而让大家没想到的是，比赛并没有早早结束，反而直接进入到白热化阶段：孩子和棋王陷入苦战。也就在这时，两个人做出的反应截然不同：棋王仍然专注于棋局，眼睛一刻不肯离开；孩子却突然站起来，转身四处活动。没过多久，棋王心慌意乱，他虽然聚精会神地琢磨如何走下一步，但他的大脑却一片空白，举棋不定，最后被孩子打败了。

棋王和孩子在比赛的关键阶段表现出两种不同的思维模式：一种是集中思维，另一种是发散思维。孩子能够在关键时刻转移注意力，跳出胶着的棋局，发散地看待问题，终于让他找到了出路。

在人们传统的认知中，工匠思维应该是拿出大量的时间专注于某个事物，正如代表着中国传统民间手艺的"刻砖刘""泥人张"等，他们投入了一生的精力才练就了独门绝学，而且为了让这门绝学发扬光大，他们会代代相传，把一个知识体系不断扩充深化。

的确，对于工匠来说，投入时间和精力在一门技艺上是理所应当的，不过这并非是唯一选择，也绝非最佳选择，我们要根据时代的发展调整这种思维模式。如今的时代是一个信息爆炸的时代，技术更新速度远超过去，如果你不关注外界，只是一门心思研究手头的某种技艺，你就承担了很大的风险：当市场不需要这种技术了，你该何去何从呢？

还有一点不能忽略，即如今人们的生活节奏加快，干扰性因素增多，尤其是当你和外界发生联系的时候，你很难实现"时间自由"，可能连"空间自由"都无法保证，你会从一个地方转移到另一个地方，你的大段时间会被一些琐碎的小事占用，这时再想专注于眼前事就难上加难了。

既然时代在变化，工作节奏也在变化，那么工匠思维也需要升级。这种升级并非是推翻之前的思维，而是对它重新进行解释：全身心投入未必需要拿出毕生时间，可以通过提高工作效率缩短这个过程，这样你才有机会和精力去接触其他相关的技术和信息；专注，也未必需要通过固定的时空来实现，可以在被分割的时间段中保持相对的专注。总而言之，可以用碎片化思维对传统的工匠思维进行延伸，变成"匠心2.0"。

什么是碎片化思维？从一般定义上看，它不是一个积极的思维模式，是一种零散的、不成体系的思维模式，也就是说，头脑对事物的理解和认识停留在被分割的状态中，无法聚合成整体。这并不是工匠需要的碎片化思维，工匠需要的思维模式是：能够在时间、空间被割裂的状态下，尽量让工作维持原有的持续性。

打个比方，你是一个木匠，今天的任务是制造一个鞋柜，但是因为客户要求你去谈合作，或者是你要参加某个行业内的研究会，你的时间被占用了两个小时，这会导致你今天的任务难以完成，那么该怎么办呢？你可以在坐车去见客户的过程中构思好鞋柜的图纸，或者把某个需要雕刻的花纹贴面手工做完，因为这些并不需要你留在工作间，在你忙于琐事的间隙就能完成，这就是用碎片化的时间分担工作任务。

当然，碎片化思维不仅仅是见缝插针，这只是最初级的模式，更高级的是让你的思维也趋向"碎片化"。根据心理研究发现，人的大脑有两种模式：一种是专注模式；另一种是发散模式。工匠精神指的就是专注模式，它是由大脑中的前额叶皮质区域负责的，这部分的功能需要逻辑思考和推理。当我们把注意力集中在某个问题时，我们就会激活这个区域。

发散模式并不是大脑的某个区域产生的功能，它广泛存在于整个脑部，所以它不利于我们专注做某件事，但它有一个显著的优势，即能够刺激更多的神经元参与思考，也就是说在发散模式下，我们的想象力会更加丰富，对新接收的信息可以进行更灵活的重构和分解，收获的体验也最多，而这就是碎片化思维的核心价值。

想象一下，当你按照传统工匠思维坐在工作间里考虑着新产品的设计方案时，你的确进入了专注状态，但你的思维还没有达到足够活跃的程度。而如果你愿意走出工作间，去某个同行那里帮点小忙，做一些零碎的工作，你一边和对方交谈一边做活，虽然注意力被分散了，但是被触发的是你的整个大脑，或许你会从别人的谈话中获得新产品的设计灵感，或者你能从手头的零活中形成某个设计方案的雏形，而这是你在封闭的工作间里无法获得的。

有人可能会认为，碎片化思维似乎是一种不够专注甚至不够专业的工作状态。其实并非如此，这是一种从人类的心理活动特点出发的思维模式，它的重点不在于你投入了多少时间和精力，而是如何用发散性思维去开发大脑的潜力，用一个心理学术语解释就是"敏感化技术"。

敏感化技术，简单说就是在习惯性的刺激外找寻一种突如其来的强刺激。相信很多人会有这样的体验：有时候你会被一个问题长期困扰，无论怎样绞尽脑汁都找不到答案，忽然有一天当你做着一件毫不相干的事时却被触发了灵感，让你想明白了解决方案。碎片化思维，其实就是借用敏感化技术，让人从长期的、恒定的现实空间和思维空间中解脱出来，进入一个全新的环境，这个环境中有很多新鲜刺激的元素，通过它们来激发自己的灵感，从一种看似不专注的状态中获得专注思考的成果。

想要充分利用碎片化思维，首先要让自己保持放松的状态，让自己的大脑脱离当前专注的事情，换一个工作内容或者是参与某项休闲娱乐活动，这样就能找到一个新鲜的刺激环境，用一些看似琐碎无用的事物去填充我们的大脑，收集更多的环境信息，建立千姿百态的思维模型，让我们原本被堵塞的思维得到重新梳理，激活那些不经常使用的脑部区域。

工匠精神原本就不是一个死板的定义，它会随着时代的变化产生不同的解释，因为每个行业都有各自的特点，一味地遵守传统手工艺人的思维模式并非真的适用，也是对工匠精神的狭隘理解，而碎片化思维就是适用于当下社会的一种新的思考模式，它能够让人们更灵活地学习、重复和深度思考。

第 八 章

工匠之专：活力与主动性

1 摒弃一切缺乏系统的信息

1984 年，世界著名企业可口可乐公司，遭到了对手百事可乐公司的挑战，为了改变不利局面，可口可乐将重任交给了塞吉诺·扎曼。扎曼更换可口可乐的旧模式，标之以"新可口可乐"，采取了广告宣传策略。然而扎曼却犯了一个严重错误，他以为顾客能够接受一种全新味道的可乐，于是改变了可口可乐的酸味，结果甜味可口可乐在市场上并不受欢迎。仅仅过了 79 天后，"老可口可乐"不得不重返市场。

扎曼的判断失误和他的筛选信息能力有关，他认为人们更喜欢甜味而不是酸味，所以才进行了改变，或许他进行过市场调查，但这个调查从结果来看应该是缺乏整体性，只能代表一部分顾客的口味偏好，是片面的、缺乏系统性的，所以才给可口可乐造成了经济损失。

相同的信息，不同的人筛选方式不同，其中有些方式是错误的，有些是低效率的，而最接近客观事实的一定是具有系统性的筛选方式。

信息筛选的能力，是指在纷繁的信息中可以快速排除干扰选项，找到对自己最有价值的信息。打个比方，如果你是一个销售人员，在和客户聊天时，客户经常会绕来绕去，还会表达出对产品价格的不满意或者竞品比你的好等信息。如果你针对每一条信息都进行分析和回应，看似解决了问题，其实是在跟着客户的思路走，因为你未能系统地整理出最关键的信息，比如客户其实是嫌价格高，他对竞品并没有真正的购买意愿，所以你就应当把重点放在产品的价格上。反之，如果你错误地把方向集中在竞品的缺陷上，那么不仅不能满足客户的真实诉求，反而暴露出恶意竞争的倾向，引起对方的反感。

华为很重视信息的筛选，它在国内30多个省市和300多个地级市都建立了服务机构，这是为了了解不同地区的客户需求，聚焦最有价值的市场信息，再针对这些信息去设计和改良产品和服务。此外，华为还在世界100多个国家建立了类似的服务机构，让相关工作人员频繁地接触客户，了解客户的需求以及使用设备时遇到的问题。通过信息整合找到设备存在的最大短板，聚焦品质提升的关键，形成强有力的竞争优势。

同样的信息，有的人筛选能力强，有的人筛选能力弱，造成这种差别的原因在于三个方面。

第一，信息敏感度。

有些人对信息的敏感度比较强，能够从中捕捉到对方的情绪，比如哪些是故意夸大的，哪些是心存抱怨的，等等。不仅是针对人，针对数据类的信息也是如此，有的数据不能代表世界变化的某种规律，而有的数据则暗藏着市场和社会的发展方向，那么后者的影响力就更大，就应当系统地分析。

既然信息的敏感度如此重要，那么如何才能提升它呢？最简单的办法就是平时多接触同类信息，当你积累了足够多的数量时，你就能掌握一定的筛选技巧。比如，你是一个工艺品的设计者，想要了解市场最喜欢何种雕花，在收集的信息中，有来自不同消费群体的调研报告，你只有认真阅读每个群体的不同需求，才能发现规律性的特点，比如对颜色、造型或者流行风格的偏好是否和年龄、阅历、职业有关，这是一个比较漫长的积累过程，但只要你在大脑中形成了信息数据库，再遇到类似的调研信息时，你就能知道哪些更贴近事实，因为你的脑海中已经有了多个群体客户的画像，这就是你做出正确判断的依据。

第二，逻辑思维能力。

逻辑思维能力就是如何对信息进行准确的切分。比如你在收集信息时，会遇到多个相类似甚至相互矛盾的信息，如果把它们都当成一个问题进行分析，很容易犯原则性的错误，这就需要你把信息分解为多个层次。

比如你是一个产品经理，在收到某个产品功能的体验报告时，有人反映某个按钮按动后反应很慢，这时你就要从三个层面展开分析：第一，按钮的样式和大小是否合理，导致不易让人的眼睛发现，按动时就会有一个寻找的过程，由此让客户觉得"反应很慢"；第二，按钮的功能定位从逻辑上是否和其他按钮相重叠，让客户觉得可能是其他按钮具有这个功能，结果出现了重复性操作；第三，按钮的材质是否太过光滑或者反馈力度不够，让客户觉得按下去了但实际上并未触发。

当你把一个问题解剖为多个层次时，就能系统性地理解客户反馈的意图，从多个角度解决问题，做到无懈可击。

第三，信息聚焦能力。

同样处理一则信息，有的人能够快速抓取到关键信息，有的人则把精力集中在非重点的信息上，从本质上看还是系统分析能力不足，所以才导致了主观上的片面。要想提高信息聚焦能力，首先要强化专业能力，也就是锻炼出"庖丁解牛"的技巧，当你能够看清事物的本质时，重点、次重点以及非重点一目了然。

信息缺乏系统化，便无法纳入到一个客观评价的体系中，就会对我们正确思考问题造成干扰甚至是反方向的误导，因此要摒弃这一类信息，就要让我们的思维去"碎片化"——不急于对零散的信息做出判断，而是将它们从类别上、状态上和性质上进行整合，用"系统化"的思维去选择系统化的信息，掌握工作的主动性，发挥技能的最大化。

2 不要让与我们无关的事情引起我们的注意

在非洲拉马河畔，最出名的就是非洲豹和羚羊，羚羊是非洲豹的捕食对象，非洲豹在抓捕羚羊的过程中，常常紧盯一只羚羊。在追与逃的过程中，非洲豹会超过其他近在咫尺的羚羊，它的目标始终是最初追逐的那只，往往最后能够得手。有人会提出问题：为什么非洲豹不放弃那只羚羊改追其他更近的呢？这是因为非洲豹已经追了很久身体疲惫，但是其他羚羊却还没有消耗体力，如果非洲豹临时改变目标，其他羚羊一旦跑起来就会把疲惫不堪的非洲豹甩到身后，所以对它来说，其他羚羊就是"无关的事情"。

正如非洲豹瞄准目标一样，工匠如果不能很好地控制自身的注意力，就无法集中思想将自身的技能引导到一个为之努力的目标上，这样不仅会浪费自己的精力，也会弱化创造性思维。

排除干扰是集中注意力的前提，有些人错误地把二者混为一谈，其实它们是存在着区别的。比如你在一个嘈杂的聚会上写工作报告，你身边的人和噪声就是干扰，如果不排除这些因素你很难集中注意力写报告，所以这是两个步骤，而如果你在安静的卧室里写作，你只需要集中注意力即可。

一般来说，外界的干扰分为三种类型。

第一，声音、视觉等感官干扰。

这一类干扰和你本人没有直接联系，它们只是剥夺了你的感官接收到的信息，让你在思考时无法集中精神。当然，感官刺激也受到主观因素的影响，比如你身边有两个人小声说话，从声音分贝上看并不影响你，但是你想知道他们的聊天内容，这时候你的主观意愿就放大了干扰。这就需要你排除杂念，告诉自己：别人谈论什么和我无关，我的工作更重要。如果感官刺激强度确实很大，最直接、最简单的办法就是换一个环境，或者消除、降低干扰的因素。

第二，吸引性的干扰。

这一类干扰不一定会刺激你的感官，但会刺激你的内心，比如，你在网上购买了一件好看的衣服，现在快递就放在你身边，你一边工作一边想着什么时候可以拆开快递，这就是吸引性的干扰，它不会发出声音和画面，但容易让你分神。所以，应对这一类干扰的办法不是把快递拿走，而是告诉自己眼前的工作更重要，快递拆不拆都在那里。虽然这个克服的过程有些困难，不过当你习惯了不拆快递时，你就能在日后从容应对类似的干扰。

第三，自发性的干扰。

自发性的干扰通常不是来自外界，而是来自你大脑的"触景生情"，比如，你来到一个样板间参与室内设计，房间的格局让你想起了以前住过的公寓，然后又想到了曾经和你同住的人，这种干扰是被外界刺激以后思维和情感不受压抑的表现，它比前两种干扰更可怕，因为这往往涉及你的内心世界。想要排除这种干扰，最直接的办法是将注意力放在该事物以外的事物上，比如专心看设计方案而不去看房屋布局，当然这有些自欺欺人。最根本的办法还是提醒自己：如今已经物是人非，留恋过去是没有意义的。事实上，自发性干扰更多地和人的情绪有关，比如喜欢怀旧和追忆，这种矫情的心理容易造成睹物思人，所以要经常提醒自己：经营现在的生活才是最重要的。

当我们掌握了排除干扰的技巧之后，心态就会变得积极起来，但这并不意味着你真的能够集中注意力，因为排除干扰只是第一步，集中注意力也需要技巧。

第一，关注当下。

人的思维容易跳跃，容易受到外界因素的刺激，避免这种情况发生就要关注当下，也就是在你准备进入或者已经进入工作状态时，脑子里思考的都是如何做好这项工作。不要把工作之外无关紧要的事情考虑进来，比如今天晚上吃什么、明天休息去哪儿玩之类的问题，把它们留到工作完成之后再做考虑，这样就能将你的思维锁定在手头的工作上，从源头上杜绝分散注意力的可能。

第二，坚定信念。

仅仅是关注当下还不够，你还必须给自己"洗脑"，也就是不断地提醒自己，这件事一定要做成并且做到最好，这看起来是在给自己打鸡血，实际上却能强化意志力。这也是一种积极的心理暗示，会让你不由自主地把完成目标当成首要任务，即便有一两个干扰事件，你也会快速地回到专注的工作状态中。

第三，增加热情。

既然有些干扰因素关乎我们的情感，那么我们不妨"以毒攻毒"，用对工作的热情去冲淡对其他事物的热情，利用感性思维去引导注意力，这是一种对大多数人来说更容易操作的办法。这需要你不要以功利心去看待手头的工作，而是先找到其中的乐趣，用这一点乐趣去激励自己不断完成，从而调动工作的积极性。当一个人充满热情和干劲的时候，即便工作再辛苦也能克服掉，还会调动你的潜能去强化注意力，当你距离工作目标越来越近的时候，你的热情也会增长，形成良性循环。

排除干扰和集中注意力，本质上都是一种思维训练，如果在平时的工作中不注意锻炼自己的话，你就很难找到正确的使用方法，更不会养成一种思维习惯。因此，你可以在外界干扰并不强烈的时候，主动使用这些技巧去对抗，你会慢慢熟悉并总结出更适合自己的方法。总之，被控制的注意力和未被控制的注意力，在实践结果上有很大差别，你可以让你的思维充满能满足你欲望的思想，而这本身就是一种动能，会让你看到想要的结果。

人只要活着，思维就不会停止活动，它会不断对我们的思考状态产生积极或者消极的影响，这是客观存在的事实，所以我们要坦然正视那些随时产生的干扰，也要冷静地将它们一一清除，这样才能在集中注意力的时候减少障碍，使我们为达到一个明确的目标而提高专注力，而一旦进入专注甚至是狂热的状态，我们的思维潜能也会被充分激发，这时再有干扰出现，我们也会视若无睹。

3 专注于要做的事：你必须仔细地去看、去听

　　波兰有一个小姑娘名叫玛妮雅，学习十分认真，无论周围的环境如何吵闹都无法影响她。一次，玛妮雅在写作业，她的姐姐和同学在她身边唱歌、跳舞、做游戏，然而她依旧专心致志地做功课。玛妮雅的姐姐和同学打算试探一下她，就偷偷在玛妮雅身后搭起几张凳子，只要玛妮雅稍微一动，凳子就会掉下去，然而时间一分一秒地过去了，玛妮雅认真地看完了一本书，凳子还竖在那里。于是，玛妮雅的姐姐和同学再也不逗她了，而是学着她的样子专注地读书。玛妮雅长大后成为了一位伟大的科学家，十几年如一日地专注于从小山一样的矿石中提炼放射性元素，两次获得诺贝尔奖，她就是居里夫人。

　　在中国的《考工记》中有这样一句话："百工之事，皆圣人之作也。"能把金属锤炼成锋利的刀具，能把黏土烧制成精美的器皿，能把木头做成结实的马车，这都是偏执狂追求极致的写照，而这种精神包含两个部分：一个是对产品的各个制作环节都有精心打磨和加工的热情，另一个是具备持之以恒的耐性和韧性。中国还有一句古语："人心惟危，道心惟微；惟精惟一，允执厥中。"意思是从细小之处能够看到用心所在，这不仅是一种技巧，更是一种偏执的追求和操守，这需要一种专注精神。

我们都知道工匠精神的一个重要特质是专注，但如何做到专注，每个人的理解不同，有的人会认为沉下心才能专注，有的人认为热爱才能专注。事实上，无论是沉下心还是热爱，都只是一种态度，让态度转化为专注的行动还需要一个过程，那就是仔细地看和听。

华为就是一个坚持用"看"和"听"践行工匠精神的企业，据说华为 ID 部门的设计师被要求用肉眼识别 0.03 毫米的设计误差，虽然在用户眼中这样的差别并不重要，但华为仍然坚持严苛的要求。华为的 P7 设计过程中，每个细节的优化都以 0.05 毫米为单位进行微调。在华为手机检测实验室里，每天都有超过 1000 台手机全天候地进行稳定性测试，另外还发展了 1000 个手机测试用户，只要手机出现异常问题就会记录下来，而华为目前认定的合格标准是 0.0014，也就是一万个小时之内产品最多只能发生 14 次异常。正是这种对产品设计的吹毛求疵带给用户极致的体验。除此之外，华为还坚持"为客户服务，以客户为中心"的工作理念。华为派遣客户端的工程师通常都是十多人一组，而同行一般是五人一组，在华为的技术团队到达客户端之后，他们会经常和客户协商，听取对方的意见，最后选出最佳方案。

专注不是一个抽象的概念，它需要一个人、一个团队用行动去表达，而"看"和"听"就是最直接的两个动作。

看，分为两个层面：一个是看表面；另一个是看内在。

看表面，就是让你的注意力和思考点停留在技术层面，比如你要设计一个建筑模型，当你对着显示器或者图纸检查是否有错误、是否足够美观的时候，这就是通过看创造物的表面来检验你的专业技能。只有认真观察表面，你才能找到自己的不足并分析用何种方法化解，同时你也可以了解自己的优势，是否可以借助这种优势形成具有竞争力的产品。

看创造物的表面，是了解产品、了解自己的过程，如果你不够虔诚或者不够谦虚，那就很容易选择性失明，比如只看到自己的优势却漠视自己的短板，或者发现了某些问题之后进行自我安慰。如果认为这种缺点无伤大雅或者强行将缺点解读成优点，带着这种态度去看，只能让你离真正的工匠技艺越来越远。

看内在，就是让你的认知程度更进一步，去了解产品的某些内涵，比如你设计出一台按摩椅，技术上不存在问题，那你就要观察它是否能让用户真正满意，是否在未来的市场中具有竞争力。这些观察不再局限于技术层面，而是基于产品的基本理念、用户的潜在需求以及市场的风向变化等，所以要想看清内在，需要一定时间的经验积累，这样的视角才能更宽阔长远，才能发现被别人忽视的细节。

看创造物的内在，是剖析自己和产品发展前景的过程，一个工匠可能在某个时期是炙手可热的，但随着技术的演变和市场需求的升级，他掌握的技能可能会被时代淘汰。而这些潜在风险单单通过看表面是无法获知的，这就需要工匠进行深度思考，从纵向和横向两个维度去分析创造物的竞争对手和未来趋势，从而给自己制订符合事物发展规律的提升计划。

听，分为两个方向：一个是听外界；另一个是听心声。

听外界，包括用户的声音、队友的声音和同行的声音。

用户的声音代表着产品需求，这个需求是否真的被你理解并消化，将决定着你的创造物是否具有市场价值，如果你过于迷恋自己，或者自欺欺人地认为了解用户，那么你很可能就会做出错误的判断，导致你在设计产品或者策划服务时脱离市场和时代的需求。即便做出来一个看似完美的产品，也不过华而不实。

队友的声音代表着你的团队和你的上下级，他们或者与你合作创造出了产品或者服务，或者配合、辅助你去完成某项工作任务，无论是哪种状态，他们都参与了创造的过程，他们或许在某方面不具备你的专业特长，但他们总有自己熟知的领域，这些领域很可能就是你的盲点，所以你要多和队友沟通，了解被自己忽视的问题，全面提升创造能力。

同行的声音代表着竞争对手，他们可能和你存在对立关系，但这并不代表他们思考和执行的是错误的或者是对你不利的，甚至当他们攻击你的工作成果时，你也要冷静下来，判断产品是否真的存在如他们所说的缺陷，有则改之，无则加勉。当你学着去尊重对手时，也就尊重了客观事实，你才有机会实现精进。

听心声，就是听自己有感而发的潜在语言。

人的思维是受到理性和感性两种不同的元素控制的，理性思维容易认识，但感性思维飘忽不定，当你认为自己掌握了某种工匠技巧时，事实上你可能只是粗懂皮毛，所以你就要在日常工作中随时"监听"来自内心的某些偶发性的语言，比如你突然听到"我这么做好像落后了"或者"团队交给我的任务其实是徒劳无功的"时，你不妨认真分析一下事实：你是否因为害怕或者忧虑某些问题而压抑了真实的想法，导致这些声音不定时地暴露出来？如果你确信有几分道理时就要警醒起来，切莫将小错误演变为大错误。

很多时候，你的心声并不是玄幻的存在，它可能反映了被压抑、被忽视或者恐惧的念头，你必须鼓起勇气面对它，而不能简单地把它当成呓语抛在脑后，这既是对你自己的尊重，也是工匠精神的责任感的体现。

当你习惯了仔细去看、去听的时候，你才真正进入到一个工匠应有的工作状态：既能够安心完成手头的工作，又能够了解他人的想法，还能正视最真实的自我。当这些元素都清晰地存在时，你才能最大限度地接近创造物的本质，才有机会抓住稍纵即逝的珍贵灵感，让你的创意、技术以及人格魅力瞬间升华。

4 工作的最终结果是回到原点

很久以前，有两只猴子去山上摘桃子，一只猴子摘一个扔一个，摘到最后手里就只有一个；另一只猴子开始也是这样的，等到它摘到第九个桃子时，忽然停下来想了想，马上找了一片芭蕉叶，将第十个桃子和第九个桃子装在了一起，于是它有了两个桃子。据说，这个聪明的猴子成为了人类的祖先。当然这只是个寓言故事，不过可以看出两只猴子的根本差别并非是智力，而是自我认识和自我修正。

曾子曰："吾日三省吾身，为人谋而不忠乎？与朋友交而不信乎？传不习乎？"先贤的每日三省包括了办事是否尽力、交友是否诚信、功课是否温习，这对于一个普通人来说也是需要思索的问题，因为人活一世的一个重要目标是认识自我：在成长中发现变化的自我，在恋爱中"遇见"全新的自我，在挫折中认清失败的自我……只有认识了自我，才能做好一切事情。

先认识自我，才有能力去修正自我，而这正是我们参加工作的"始发站"。为何这样说？因为当你决定去做某件事之前，首先会考虑自己能否完成、对自己有何好处等等，这些其实和工作本身没有太大联系，更多的是对自己的剖析和修正，而当工作完成之后，我们获得的最大收益不是物质层面的，而是精神层面的，也就是我们通过参与一个任务认清了自己，修正了自己。

认识自我是人生的重要目标，但并非终极目标，终极目标应该是修正自我。既然工作的初心是认识和修正自我，那么修正的真正意义在何处呢？在于对自我的内修，这不仅是工作的原点，也是人生的原点，是我们开始漫长修行的初心，和其他功利性因素无关。

人们常说，外修一生不如内修一次。有些人的工作能力并不差，但与他们合作时总感觉少了什么，这就是缺少对内在的认识和修正，这相当于对人格的"抛光"和"打磨"。古语有云，腹有诗书气自华，所谓的"气"从何而来？从知识的汲取和心性的修炼而来，这是一种内化的精神特质。人生的信仰无非有两种，一种是外求，另一种就是内修。外求强调如何寻找机会和对外建立关系，内修则强调认识和修正自我。

如今的人重视外求的太多了，因为外求是你准备满足的各种要求，代表着你的需求，它很直观；是"我想要什么"或者"我能得到什么"，而内修是一种痛苦的磨炼，代表着你对愿望的满足能力，它并不直观，是"我有什么"或者"我可以做什么"，而且需要经过历练才能完成。

关注外求的人，总是很难发现自己的某些缺陷，因为他们的关注点在于"如何得到"而非"我为何得不到"。所以，一个人只有专注认识和修正自我，才能获得本质的提升。很多时候，我们看到一个人的成功，往往只看到了他"外求"的表象：对金钱的欲望，对权力的渴望，等等，于是认定这就是一种"力量"，却忘记了他为了获得这些东西所付出的努力。在"内修"的道路上，一个人才会有能力上和人格上的成长，它对我们的人生有更重要的意义。

著名主持人、培训师、作家乐嘉，就是一个擅长认识和修正自我的人。1995年，乐嘉在上海和一个朋友谈工作，当时那个朋友对未来的憧憬就是"每天三顿，顿顿吃肯德基"。结果，乐嘉的这位朋友很快实现了这个"梦想"，而乐嘉却一直缺乏定力和耐心，几年来换了很多工作，总是处于漂泊的状态，事业发展很慢，直到2003年进入培训公司以后，才实现了"顿顿吃肯德基"的梦想。那么，乐嘉是如何完成这个目标的呢？他认识到自己有时候贪多求快，功利心强，在执行的过程中缺乏科学规划，于是他修正了工作方法：把大的梦想分解成一个个小目标，每次完成一个小目标，后面的梦想就变成了一个阶段性的目标。由此乐嘉发现，每当自己完成一个梦想之后会获得等值的力量，而如果想要获得更大的力量就必须完成更大的梦想，当梦想达到顶峰的时候，就会给自己树立一个全新的梦想。

乐嘉通过重新认识和改造自己实现了他的梦想，这就是内修的功劳。

有人认为，人生其实是一本书，你既是作者，也是书中的主人公。还有人说，人生是一个舞台，你是导演又是演员，没有谁能改变你的角色。事实上，人只要活着，就会面对许多难解之题，它们可能指向了我们性格和能力中某些不尽如人意的存在，而认识自我和修正自我就是为了消除这些不利因素。

世界上没有谁是真正的幸运儿，也没有"完美"的人设，所谓幸运不过是某些人战胜了不幸，所谓完美也不过是某些人克服了缺陷。有的人，人生起点并不高，"初始设置"也不够理想，但是通过后天的不断反省和修炼获得了提升和完善，实现人生的圆满。

5 学会自愈，保持活力

　　一个人在修炼技艺的道路上难免会遇到瓶颈期：无法找到创造和进步的感觉，也无法保持平稳的心态。这些心理因素会影响一个人技能的提升，更容易让一个人失去积极向上的动力，从而演变成一种焦虑。这种焦虑会破坏人的自信心，导致他们无法正常工作，如果不能尽快自愈，后果不堪设想。

　　苏东坡遭遇文字狱后，被贬为黄州团练副使，生活困难，不得不亲自在"东坡"开荒种地。这时他的思想是矛盾的：一方面对受到残酷打击感到愤怒和痛苦，另一方面想要从老庄佛学求得解脱。在此期间，苏东坡游了两次赤壁，写下了《前赤壁赋》和《后赤壁赋》。其中"清风徐来，水波不兴"表现了他理性地看待人生境遇，他还联想到曹操："方其破荆州，下江陵，顺流而东也，舳舻千里，旌旗蔽空，酾酒临江，横槊赋诗；固一世之雄也，而今安在哉？"在苏东坡看来，人生正如昼夜奔流不停的长江水，并没有真正逝去；如同阴晴圆缺的月亮，并没有加大也没有缩小，万物与自己的生命一样无穷无尽，天地之间，凡物各有自己的归属，而这正是造物者（恩赐）的没有穷尽的大宝藏，你我尽可以一起享用。

　　苏东坡在处境十分艰难的情况下，心胸还能保持豁达和开朗，这说明他可以自我疗愈，没有就此意志消沉，反而创造出名篇佳句，可见自愈对人来说多么重要。

按照医学理论，人体本身就拥有自愈系统，它不仅是生理层面的，更是心理层面的，它能够帮助我们修复和梳理所遭受的肉体创伤和心灵创伤。然而，很多人忘记了自己拥有自愈力，遇到一点挫折就无限放大，把自己想象成世界上最不幸的人，认为别人有义务安慰自己。结果如何呢？除了给"可怜之人必有可恨之处"增加一个鲜活案例之外再无他用，而且久而久之，这种脆弱和依赖的心理会让一个人失去韧劲。

没有韧劲的人生必然是失败的人生，如果你只是想按部就班地生活，或许缺乏韧劲并无大碍，可如果你想成为行业的顶尖者，想要通过修习一门技术证明自己的价值，那么就要掌握自愈的技能，它会使你保持活力，让你尽快地从人生低谷中走出。

1996 年，哈佛大学脑神经科学家吉尔·泰勒的左脑血管忽然爆裂，得了严重的中风，当时她只有 37 岁，正处于事业上升阶段，她顿时觉得生活失去了希望。不过，她很快调整了情绪，没有被意外的不幸击溃，而是凭借自己对人脑结构的了解，通过开发自己的右脑解救了瘫痪的左脑，她还将自己从中风到治疗再到康复的过程写成一本书，激励更多的人不要被疾病等灾祸打倒。后来，泰勒在一档脱口秀节目中说道："在亲身体会自己的左右脑功能后，我选择从另一个角度去看事情……这次中风带给我最无价的礼物是——保持内心深处的平静只在一念之间。"

泰勒的成功之处在于她治愈了自己，保持了继续工作的活力和勇气。其实，人最值得敬畏的不是智慧，也不是勇气，而是自愈力。自愈力会给你无数条生命，就像同在一个游戏里，有人神操作却只有一条命，你是战五渣却无限复活，笑到最后的只能是你，因为无限复活，你就能无限重启。

自愈力让人类经受了进化的考验，最终成为食物链顶端的王者。而工匠就是某个领域中的王者，想要成为王者，必然要经历平庸者未曾经历的磨难。这种磨难本身并无现实意义，但是它可以帮助你坚定信念，而如果不经历这个检验过程，一个人很难始终如一地做某件事，因为他不曾遭受过打击，也不曾失去什么，自然难以懂得珍惜。

自愈既是一种必备的能力，也是一个必经的过程，因为只有经历了自我治疗，才能更清晰地认识自己，才会避免在未来的工作中重蹈覆辙。实际上，人类的自我治愈能力是一种天赋，每个人与生俱来都具备这种潜质，它也潜藏在每个人的性格当中，只是有些人疼着疼着就忘掉了这个技能，反而依赖于别人的呵护和陪伴。其实，唤醒自愈力并不难，我们需要一把开启它的钥匙，认清自己糟糕的现状以及延续下去的可怕结果，这样你就会用危机感替代颓废感，从自怨自艾变成自立自强。

工匠的心思往往是细腻的，因为细腻才能捕捉到灵感，也因为细腻才能洞察用户的需求，但正是因为细腻，也容易变得敏感甚至脆弱，或许工作上的一点小瑕疵都会刺激到他们的神经，这是一种深度隐藏的"职业病"。既然如此，为何不能将这种细腻的感知能力导向正途呢？当你在探索技术升级的时候，如果遭遇了挫折，不妨用敏锐的洞察力去发现能够激励你继续奋斗的动力，比如对美的向往、对满足用户需求的成就感……它们都会引导你从困境中抽离，复原正在枯竭的活力，让你重新集中精力产出奇思妙想并将其转变为现实。

第 九 章

成就，是与他人和未来交流的过程

1 团队合作的基础是弹性和适应性，而非强烈的个性

如今是讲究个性解放的时代，不少成功学中也提到了个性的重要作用。诚然，一个人独特的性格和气质类型，能够让其在芸芸众生中脱颖而出，成为他人不可复制的优秀样板。但是当人与人拥有共同的目标并建立合作关系时，强烈的个性或许会产生负面作用。

国外有一个专门研究领导力的科研组织，用了 8 年的时间研究如何进行高效合作的问题，他们的研究方式是调查、邮件分析和访谈，目的是找到最能节约时间的合作方式，最后发现，过去需要和少数人合作的白领，现在要拿出 85% 的时间用在各种各样的"合作"上，比如现场会议、电话会议、即时通信等等，那些个人欲望更强、对职场掌控力要求更高的人，往往会承担一些不必要的工作，甚至给团队带来麻烦。

为何会出现这种情况呢？

第一个原因是"认同感驱动力"。当同事向你寻求帮助时，很多人会马上做出回应，不假思索地答应，根源并非是人性本善，而是提升自我认同的需要：我能够帮助别人、与他人合作能够证明我自己。然而结果往往适得其反，要么是给自己增添了额外的负担，

要么就是没有把工作完成好。

这种表面上看起来是伸出援手的行为，其实只是想要获得个体的满足感，是个性过强的表现，因为他们想要团队中的其他成员发现自己卓尔不凡的一面，然而这种"互助"行为对团队而言无实际意义。

第二个原因是"错失恐惧症"，即担心不与他人合作就会失去一次树立自己形象和展示个人才能的机会，就无法得到团队的认同。

团队成员之间的确离不开合作，但如果合作的初衷仅仅是为了突出自己，那么这就只是个性的释放而非拥有大局观，这会影响到他人对你的判断，也会扰乱团队内部的工作秩序，因为人与人合作是建立在弹性和适应性的基础上的。

弹性是什么？它是不同成员之间为了避免摩擦而设定的"分歧区间"。打个比方，一项工作分为 A 和 B 两个部分，你负责 A，同事负责 B，如果 B 部分做得不好会影响到 A 部分，但这个影响不是确定的，存在着一定的误差允许范围，然而你的容忍度却非常低，认为 B 部分偏离 1 个单位就是错的，而在同事看来这就是吹毛求疵，你们的分歧就产生了。正确的做法是设定分歧区间：你应当给 B 部分设置偏离 1~5 个单位范围，这样就容易和同事达成共识，这就是弹性工作。

工作弹性不仅在客观上有利于合作，也是为了避免一个人主观地看待问题，比如很多工作没有严格的数字标准，好、中、差往往是一个模糊的概念，如果你对别人过于苛刻，提高了工作标准，而你自己的工作完成度也未必达标，这就是主观因素造成的矛盾，对于团队的长期建设是不利的。所以必须要保持足够的灵活性，学会具体问题具体分析，而不是教条、死板地制定一个评判标准，要给你和团队成员讨论与磨合的空间。

适应性是指对他人工作方法、工作状态的包容度，也包括对他人个性的容忍。人和人的个性差异很大，有的人喜欢缓慢的工作节奏，有的人则雷厉风行，有的人善于沟通，有的人喜欢独立思考，不同的工作风格并没有对错之分，人只能是尽量适应团队成员的风格，而不是用自己的价值观去纠正别人的"错误"，这样只能给团队成员的合作造成障碍，甚至破坏关系。

既然弹性和适应性是合作的基础，那么如何在工作中做到这两点呢？

第一，把注意力放在自己手头的工作上。

团队合作固然重要，可手头的工作是第一要务，有的人之所以和团队不合，是因为其总分散出一部分精力盯着别人的工作。当成员之间不需要发生交互关系的时候，人应当把注意力集中在自己的工作任务上而不是对他人的工作指手画脚，要从根本上避免节外生枝。

第二，改善一些坏习惯。

这里所说的坏习惯主要体现在合作中，比如有的人回复电邮速度很慢，往往看到之后也不急于回复，而是拖延一段时间。殊不知这种处理方式会耽误别人的工作进度，甚至会让对方认为你漫不经心，影响到团队整体的工作节奏。所以和他人互动时的坏习惯，要及时纠正，不要妄想着让别人来适应自己。

第三，强化时间管理能力。

每个团队在做项目的时候都会有一张时间表，这个时间计算的是团队的工作总量。这张表意味着你的工作进度会影响到他人的工作进度，如果你不能在规定时间内完成就会给别人带来麻烦，只有加强时间管理才会不破坏团队的进度。

第四，保持共同目标。

走的路远了，就会忘记最初的目的地。这句话也适用于工作，很多人在进入工作状态之后，会因为主观或者客观上的原因，逐渐偏离初始的目标，无法和他人的目标保持高度同一性，自然就会产生矛盾。尤其是在任务量较大、项目规格较高的情况下，一个大目标可能会包含着若干个小目标，如果每个人都随意地去完成某个目标而不考虑他人，就会造成资源上的浪费，也会降低工作效率，所以要经常沟通，让工作目标在特定时间内保持高度一致。

团队工作，既能发挥个人才干，也是弱化个性、强化共性的过程，而合作就是增强团队凝聚力的主要形式，一个人只有正确地认识自己和他人，才能减少矛盾，真正发挥每个人的作用，让自己成为团队前进的助燃剂而非绊脚石。

2 具备融入他人意识的优势

从前，有一个装扮得像魔术师的人来到一个村庄，对村民们说："我有一颗汤石，如果将它放入烧开的水里就会变出美味的汤。"说完，有村民给魔术师找了一个大锅，还有人提了一桶水并架上炉子和木材。当锅里的水被烧开之后，魔术师把汤石放进去然后用汤匙尝了一口："太美味了，如果再加入一点洋葱就更好了。"立刻有村民拿了一堆洋葱，魔术师又尝了一口说："太棒了，如果再放些肉片就更香了。"立刻有村民端了一盘肉来。于是，在魔术师的建议下，有的村民拿了盐，有的村民拿了酱油，还有的拿了其他材料……当村民们开始喝汤时，他们认为这真是天下最美味的汤。

这个故事乍听起来像是在讲魔术师如何套路别人，然而仔细品味一下发现，其实是团队合作让汤更美味：一锅汤需要炊具、食材和调料，如果每个人都贡献一点，就能享受到美味的汤。

职场是优胜劣汰的战场，随着社会分工越来越细，个人英雄主义已经不适合时代的节奏，不管是大项目还是小项目，都需要多人配合才能完成，那些无法和他人融入一起的人，某种程度上等于丧失了工作能力，只会被限制在狭窄的空间里难以施展。不懂得合作，就是在抑制自己的优势。

第一，自私自利，失去了工匠精神的个人道德。

工匠不仅要有基本的职业操守，还应该具备过硬的个人道德，因为个人道德是职业操守的根基，一个利欲熏心的人不可能忠诚于自己的职业。那些不愿合作的人，本质上都是自私自利的人，因为他们担心在合作中自己的利益被侵犯到，这种心态注定会被时代和社会所淘汰。当然，维护自身利益无可厚非，但是要弄清一个问题，自身利益和团队利益是一致的，团队无法获利，个人的利益也是微小的。只着眼于个人利益这一点是短视的行为，要尽量配合他人，通过团队利益的扩大去谋求个人利益。

第二，会破坏集体的利益。

不懂得合作的人，在任何团队中都是不安定的因素。因为他们从内心抗拒与人协同作战，往往会自视甚高，对他人看不上眼。这种骄傲的态度和攻击性行为会影响别人对他们的客观评价，即使他们有一定的专业技能，也会因为较差的口碑而被人轻视。更重要的是，如果一个人习惯把功劳归为自己，把错误推给他人，就很难正确认清自己的优势和短板，一旦需要自己独立完成工作时就会手忙脚乱甚至一败涂地，因为他不懂得将自身的优势和团队的资源相结合。

第三，缺乏对抗风险的能力。

俗话说：众人拾柴火焰高。一个人单独赢利的能力有限，同样对抗风险的能力也有限，如今的职场竞争比拼的是团队和团队的实力对抗，而不愿意合作的人等于单枪匹马地和其他团队竞争，即便你个人能力再出色也终会败北。所以，为了增强自身的抗风险能力，提高成功的概率，人就应当借助团队的优势去发挥个人的优势，这样会将试错的成本和风险降到最低，随时都有机会翻盘，否则一旦遭遇挫败代价会非常巨大。

不过，提高抗风险能力并不是将风险和责任转移到团队上，而是借助各自的优势共同对抗风险，达到"其利断金"的效果。当风险来临时，作为团队的一分子要敢于担当，要懂得分析失败的原因，避免重蹈覆辙，这才是集体主义意识的正确运用。

一个人的力量永远是渺小的，集体的力量才是强大的，单打独斗只是适合做格局很小的项目，不会给人太大的成长空间，当你需要拓宽事业的领域时再去寻求外部资源，恐怕为时已晚。因为一个人一旦形成了以自我为中心的认知习惯，就很难融入团队中，不懂得退让，最终会沦为失败者。

从性格养成的角度看，一个人如果长期习惯于独立工作，个性会变得孤僻，会丧失一些社交技能，对他人难以保持平常之心，甚至演变为"被迫害妄想狂"，总是用猜疑的眼光去看别人，心灵越来越封闭，而封闭的心灵很难接受新生事物，从而抑制创新思维的培养。

或许有的人天生不擅长处理人际关系，所以很排斥把自己融入团队中。其实融入团队是进入职场的基本要求，即便你是创业者，也需要创业团队，走到哪里都不可能唯你独尊，因此协调矛盾是基本技能，也是获得成功的前提条件。

有的人可能尝试过融入团队，进入一个新的工作环境之后，主动和同事建立关系，然而对方却显得比较冷漠，感觉存在着隔阂。其实，人们对陌生人存在戒备的心理，这很正常，新人要想获得老人的信任，总要经历一个过程，不能因为开始遇到一点障碍就退缩，为此可以使用三种技巧。

第一，主动和对方交往。

有的人虽然做好了和同事共事的准备，却没有在行动中体现出来，只是等待对方主动找自己，且不说作为新人的资历如何，就从需求上看，最应该融入团队的是新人，所以主动一点、热情一点，太被动会让同事觉得你忸怩作态、傲慢清高，一旦形成这种负面评价，后期很难改变。

第二，向对方请教。

既然要主动，总要体现在具体的行为上，除了工作以外的闲聊，更多的还要回归到工作上，那就是多向同事请教，作用有三个：其一，展示出自己谦虚的态度，让人觉得你值得交往；其二，表达对同事的尊重和认可；其三，利用"富兰克林效应"，拉近彼此的距离。

富兰克林曾经有一个政敌，总是看他不爽，后来富兰克林管这位政敌借了一本书，并如期归还，结果正是这个举动让政敌不再和富兰克林作对。这其实就是心理学上的一种心理混淆现象：当人们帮助了一个自己不喜欢的人时，会极力说服自己这人其实还不坏，于是就会忘掉自己的初心。借助这个神奇的心理效应，和同事搞好关系就容易很多。

第三，掌握交往的尺度。

富兰克林效应的前提是让对方帮一个小忙，而不是耗费大量时间甚至牵涉债务的大忙，这就是分寸感。比如在向同事请教时，要尽量避开对方正在忙碌或者情绪低落的时刻，那样只能让自己变得讨厌。分寸感还包含着交往时的态度，不能表现得像一个马屁精，这样也会让对方反感，更不能自来熟，这会让对方感到尴尬，要自然而然、不卑不亢地和对方交往，这样才能留下好印象。

　　融入团队，要从改变意识开始，这个意识包含着对他人的善念，也包含着对自己的理性认识，只有客观地衡量自己和他人的关系，人们才容易做出正确的判断，而不是高估自己或者低估他人。一旦我们养成了良好的团队意识，这种意识会开拓我们的视野和格局，创造良好的职业发展前景。

3 摆脱错误观念，达到某种团结

　　工作中我们会遇到不同的人，每个人都有不同的性格，这就决定了他们的说话风格、行为模式都不同，即便是处理相同问题都会有不同的看法和做法，所以人和人之间产生矛盾是在所难免的。有的人比较自负，认为自己看到的、想到的都是正确的，然而事实上他只是高估了自己、低估了别人。

　　当我们遇到分歧时，先不要急着去判断对错，因为在工作中归结对错往往不是第一位的，团结才是第一位的。

　　如何尽量维持团结呢？最核心的一条就是求同存异，放下争执，寻找一个利益的平衡点，而不是撇清责任去追究过错。更重要的是，不能因为和他人发生了矛盾，就主观地认为是别人和你过不去或者怀疑自己的能力。对他人的某些做法不能理解，我们可以保留意见，但不必过于较真，我们必须要确保团队的合作基础以及人际关系的和谐，而这正是成功的必要保障。

　　美国石油大亨洛克菲勒在一次生意中，合作伙伴不慎损失了100万美元，然而洛克菲勒非但没有怪罪他，反而告诉对方：能保住60%已经不容易了。结果这句话让合作伙伴十分感动，在两个人的下一次合作中，合作伙伴为洛克菲勒挽回了上一次的损失，赢得了更高的利润。如果洛克菲勒武断地认为合作伙伴能力不够或者故意

坑害自己，那就不会有第二次的合作，也就赚不到更多的钱，甚至多了一个竞争对手。由此可见，摆脱对他人的错误观念去促成团结有多么重要。

求同存异是达成团结的主要手段，它的定义是：在遵循原则的基础上寻找共同点，目的是为了维护团队的协作。也就是说，既不能无原则地妥协，也不能端着架子不做任何退让。如果我们一味地坚持自己的想法，捍卫自己的利益，不丢失一厘一毫，那么合作就难以维持。成功从来不是一个人的成功，而是一群人共同协作的结果，融洽的合作关系才能展示你的个人能力。

"求同"如何准确理解呢？它不仅仅是指别人和我们的想法保持一致，更深的维度是，能够从别人的"异"中吸收对自己有益处的东西来提升自己。刚愎自用的人，从来都认为别人的意见是错误的，甚至话都没有听完就马上反对，然而真相却是：别人的做法其实是另外一种解决方式，这种方式不是我们喜欢的或者擅长的，所以我们才会武断地认为它是错误的。

如果一个人善于从他人的"异"中汲取营养，那就等于能够博采众长，真正具备了成为大师级工匠的资质。当然，如果他人的做法我们不敢苟同，也不愿意委屈自己，那么也不要和对方争论，而是要学会理解。因为有时候想让别人意识到他的错误，只能用事实去教育他，当然这是建立在不影响大局、不决定产品生死的前提下。

一个人要想建立和他人的和谐关系，需要从四个方面强化，这样才更易被团队接受。

第一，把话语权让给对方。

有些人为了表达自己的主张，展示个人才能，喜欢在沟通过程中抢话，这是不礼貌的表现，想要让对方感受到被尊重，只有让对方充分地表达意见，才能建立融洽和谐的人际关系。而且，让对方先开口会无形中减少彼此的生疏感，因为当你和不熟悉的人谈论工作时，陌生感会造成误会，不如让对方先表达自己的看法，这样才有机会了解他的想法，探知他的个性，便于我们和对方求同存异。

第二，做出积极的回应。

日本人在讲话时，如果一个人在说，另一个人会不断地说"是"，这就是在鼓励对方继续讲下去，也是礼貌回应。同理，在我们和他人交往时，为了让对方接收到我们发出的合作意愿，也应当和对方保持积极的互动，一是出于礼貌，二是为了隐晦地表达"不对抗"的态度。比如，在交往中可以采用眼神接触：当对方讲话时，我们要时不时地看着对方，不要漠视对方，否则对方会认为你对他讲述的话题毫无兴趣，打击他的沟通积极性。当然，这个互动环节也要给予对方真诚的赞美，比如对方提出了看法后，你要及时地反馈："你的观点实在太新颖了，让我重新认识了这个问题。"这样的良好倾听反馈就能消除距离感，让对方认为你们是同一条战线上的。

第三，提升情绪管理能力。

当别人并不了解你的时候，很可能会在交谈中说了让你不愉快的话题，这时候需要秉承"不知者不怪"的态度包容对方，然后通过委婉的方式表达出你顾忌的地方，比如对方谈论国际政治，表达了对某个国家元首的不满，而他的看法和你截然相反，这时你可以说："对于您的看法我不太认同，不过我欣赏您分析问题的思路。"这肯定了对方的思维方式而怀疑他表达的内容，对方就会明白你并不赞同他的意见，也就不会贸然和你争执。

第四，巧妙试探。

为了工作而建立的关系，有时候是比较脆弱的，所以要想让他人觉察到你的友善态度就要拿出切实的行动，最常见的就是站在对方的角度看待问题，这样才能领会对方的真实想法。很多时候，说话者并不会直接将他们的感受告诉你，这时你需要通过对方的说话腔调、肢体语言以及微表情去揣摩弦外之音，比如："不知道我理解得对不对，您的意思是……"采用这种方式复述对方的观点，既能够让对方包容你可能说错的话，也能够让对方知道你确实认真倾听了他说的内容。

一个人要想在社会上立足并获得成就，单靠一己之力是不够的，我们需要整合优势资源，通过他人的长处来弥补自己的短处，我们要尽量减少对他人产生错误的认识，更要避免和他人产生摩擦，这样才能构建良性的社交生态，它不仅是一个人立足社会的生存之道，也能为事业成功提供人脉资源上的保障。

4 融入团体，接受前辈的指导

　　有一只山羊，在森林里和同伴们一起生活，因为它们比较弱小，所以平时都是集体外出，就连吃草的时候都有同伴负责放哨。这只山羊觉得自己活得太憋屈了，十分羡慕老虎、豹子这样的猛兽。有一天，山羊在地上捡到一张被猎人遗失的虎皮，它灵机一动：如果我穿上这身虎皮不就会变得很威风了吗？于是，山羊将虎皮披在了自己身上，当它回到驻地的时候，同伴们纷纷逃走，山羊露出真容嘲笑大家，这时一只老山羊走过来说："你虽然有了一张虎皮，但也只能吓吓弱小的动物，并不能保证你一辈子安全。"山羊不以为然，继续披着虎皮四处乱闯，其他山羊不愿意和它一起出行，就此分道扬镳。有一天，山羊披着虎皮大摇大摆地来到一片草地吃草。这时一群豺狼从旁边经过，山羊没有发现，而它身上的虎皮却被一阵大风吹落，豺狼们马上将山羊包围吞噬。

　　山羊的悲剧并不在于"羊假虎威"，而是用一张虎皮把自己和团队分离，还不肯接受前辈的警告，导致它独自面对凶险的天敌，自然不会有好结果。同理，一个人如果不能很好地融入团队中并接受前辈的指导，职业前景也会十分暗淡。

　　从前辈身上学习经验是一门学问，因为每个团队中总有性格各异的前辈，有的人比较低调，有的人比较任性，有的人做事圆滑……

作为团队的一分子，除了要和同事搞好关系，更重要的是和前辈们学习知识和经验，别人的知识和经验会加快你的成长速度，这是提升个人能力的诀窍。

当然，前辈们也知道知识和经验的重要性，特别是那些用教训换来的经验，如果轻易传给别人等于失去竞争优势，这就需要我们充分尊重前辈，建立和谐的职场关系。

那么，选择何种前辈作为自己的老师呢？这其中有一定的学问，因为人心难测，有的人表面上看起来和蔼可亲，可教给你的都是些无用的甚至是有害的"经验"，这样的人就要敬而远之。同样，有的人看起来不好相处，但品行不坏，只要取得了对方的信任，他们就会把你当成至亲至近之人。所以，我们可以通过一些性格特征判断哪些前辈值得结交并学习。

第一，对人真诚的人。

有些人幽默风趣，很少摆架子，特别是在和同事发生矛盾的时候能够大事化小，小事化了，别人对他的评价也不错，那么通常这种人比较适合深入接触，因为他人的态度都是通过时间积累形成的，这比你用时间去检验更快也更保险。

与对人真诚的人交往，即便学习的知识和经验有限，对你的职业发展仍然是有好处的。一方面，你能够学习他们为人处世的积极态度和技巧，这些能够帮助你和更多的前辈们建立和谐的关系，你也能够和品行正直的人互相学习并且共同成长。另一方面，当你和人缘、口碑都比较好的人接触时，也会间接地优化你的个人形象，让其他人认为你也是可以结交的，当你试图和他人建立关系时会减少障碍。

第二，对工作负责的人。

有人会觉得，对工作负责只能证明比较敬业，未必有真才实干。其实，一个责任心强的人，总是能够专注地从事某项工作，加上时间的积累，他们必然会有一些心得体会与工作经验，只是这些人并不喜欢表现自己，只有当你和他们建立良好的关系时，你才有机会了解他们积累的知识和经验。另外，对工作负责的人，也会愿意帮助新人，因为新人能力无法得到提高，也会影响团队的工作业绩，有这样一个责任心强的人带着你，总能有机会从他们身上吸取经验。即便不成，他们对待工作的认真态度也会影响到你，让你逐渐拥有一颗坚韧不拔的心，这是克服困难的强大武器。

第三，为人谦卑的人。

越是谦虚的人，往往就越有学习力，因为他们能看到自己身上的某些不足，所以才会谦虚，他们不一定要直接从别人那里学到知识和经验，而是会放低姿态、暗中观察，将他人的长处转化为自己的优势。所以遇到这种从不自视甚高的人，你就要多和对方接触，当然，你要区分谦虚和自卑，有的人的确是因为能力较差而尊重别人，这类人虽然对你无害，但也给不了你有价值的东西。

第四，谈得来的人。

谈得来的人，意味着你们在某些方面有共同点,可能是性格相似,也可能是思维方式接近，所以他身上积累的知识和经验很容易被你学习到。为什么我们和某些人接触时会觉得很不投机呢? 因为两个人的性格、为人处世的风格差距太大，所以这种人身上的优点你很难化为己用，因为你们是类型不同的人。能够谈得来，是互相学习和借鉴的基础，对方也会对你另眼相看，也能更了解你身上的长处和短板，即便只能给你提供较少的经验，也容易帮你纠正错误。

第五，鼓励你的人。

表面上看，这种人是老好人，但深入分析可以发现，这样的人最有长者风范，他们之所以鼓励你，是因为他们了解一个新人从小白升级到职场精英的过程，很可能他们也走过类似的路，所以他们更了解一个人由弱到强的过程。既然对方比你早走一段路，那么沿着他们的足迹行走就能学习到不少经验。更重要的是，愿意鼓励别人的人，通常格局和眼界都比较开阔，即便他们传授给你的知识和经验有限，你也可以从他们身上学习做事、做人的经验，也能帮助你在职场上更进一步。

当我们大致判断出这些前辈们的特点之后，先不要急着去和对方套近乎，而是要先关注他们一段时间。比如对方的作息习惯，在单位里的人际关系，老板和同事对他们的态度，等等。关注这些可以尽快学习他们的处世方法和态度，我们要把这些转化为自己的某些特征，这样再去接触对方就会显得比较亲近，因为你学会了别人的行为模式，也就接近他们的思维模式，就会减少沟通障碍。

还有一点不能忽视，即作为一个职场小白，首先要知道自己几斤几两，这样才能明确寻找什么段位的前辈，也要了解自己的性格特点和对方是否合得来以及双方是否有利益冲突，如果处于比较激烈的竞争关系，贸然接近对方只会受到猜忌，所以要先理顺人际关系。

常言道：近朱者赤，近墨者黑。选择一个可以长期交往的前辈，对一个人的事业发展至关重要，选对了人就等于缩短了路程，选错了人就可能走弯路。所以，当你踏入职场之后，先不要急着去表现自己，而是稳住情绪，仔细观察，寻找能助一臂之力的老师，这才是磨刀不误砍柴工的明智做法，让你终身受益。

5 与他人的友好相处是一种积极的吸引力

职场是人类社会频繁活动的地方，在这里可以帮助你实现很多目标和理想，但也不可避免地要与性格各异的人打交道，要在职场上站得稳，就要懂得与人为善的相处之道，这就要求我们的性格要"圆融"一些，不要过于耿直。

20世纪初的美国农场里，有一个叫沃伦·哈定的年轻人，他简直是一个好性格的活体标本：人家让他割庄稼，他二话不说拿起镰刀就走，人家让他挤奶，他就拎起桶钻进牛棚，无论是买东西还是帮人干活，他从不砍价，也从不和别人发生争执。最后，哈定的父亲对他语重心长地说：幸亏你是个儿子，如果你是一个女孩肯定总是怀孕，因为你不会说"不"！大学毕业后，别的同学忙着面试，哈定却买下了一家濒临倒闭的报纸《马里恩星报》，最后让这家报社起死回生，他也从一个普通人变成了一个企业家。1920年，哈定参加了美国总统大选，本来这位"老好人"不是共和党首推的人物，但是其他人口碑太差，最后被党同伐异一个个排除了，轮到讨论哈定时，在场的人竟然找不到一个否定他的理由，因为哈定根本就没有敌人，最后顺利通过。在终极竞选中，哈定的对手考克斯可不给这位老好人面子，当场说了哈定很多坏话，然而哈定却没有还嘴，因为他不忍心破坏考克斯的"好人"形象。结果如何呢？没说一句脏话的哈定赢得了多数选民的支持，成为了美国第 29 任总统。

圆融的性格能帮助一个农场小子成为美国总统。也许有人觉得哈定是一个伪君子，这完全是一种误解，因为哈定能分清好坏，只是他的言行要服务于他的人生理想。所以，哈定身上有一种积极的吸引力，能化敌为友，能广结善缘，他既不和人作对也不会委曲求全，这样才给他创造了良好的人际关系。

鬼谷子说，做人要学会圆融，不能太耿直。耿直并不代表正义，圆融也非狡猾，耿直一样可以变为恶语相向，关键在于你能培养一种和谐的气场，吸引更多的人聚拢在你周围。

每个人来到一个工作团队都是先天带着好感度的，这个算是初始设置，因为大家对新人总有好奇心和包容度，但这只是一个开始，因为好感度会随着你的表现而变化。一般情况下，好感度不会无限制地提升，因为人总有缺陷，一旦做了让人反感的事情就会"扣分"。当然，多数人不会因为你的一点毛病就彻底讨厌你，所以好感度基本保持平稳，如果你稍稍懂得一点社交之道还会适当上升，只有达到圆融状态才能避免你输掉人际关系的分值。

如果做人不懂得圆融，就是在降低你的好感度，也不会让你拥有社交吸引力，一旦你做出了让人反感的事情后，人们就会渐渐远离你，因为他们感受不到你的善意，只能察觉出敌意，他们会从开始的不合作变成对立。既然如此，我们为何不学着和他人友好相处呢？

当然，与人为善并不是提倡大家说假话、做骑墙派，真话要说，但要说得巧妙，要让对方明白你的出发点是为他好，这样他才能接受。把耿直当个性的人，其实在意的不是自己说了什么，而是自己怎么说的，他们对别人的感受并不在意，在意的是自己畅快淋漓吐槽对方时的快感。换个角度看，不懂得圆融的人是不懂得培养个人魅力的人，他们没有意识到一个缺乏吸引力的人，不仅难成大事，甚至连一件小事也很难完成，因为他们时时都在树敌，处处在散播敌意，心中缺少爱，缺少包容和善解人意。

不懂得与人友好相处的人，因为缺乏足够的吸引力，导致谁和他们打交道都觉得无趣无聊，弄不好还会碰一鼻子灰。长此以往，喜欢和他们打交道的人会越来越少，他们的社交资源也会渐渐枯竭。

当一个人不能对身边人表达善意和爱意时，这个人就会被人视作面目可憎或者是脾气古怪，就会失去与别人合作的机会，更不要说共同成长和相互学习了。一个人要想获得成就，没有他人的支持是不可能的，即便是工匠，想要完成重大的工作也需要其他人的配合，当他们不能创造出正面的吸引力时，也就意味着他们在为人处世上犯了严重错误，就无法得到他人的信赖和托付，逐渐被孤立甚至是排挤，人生道路只能越走越窄。

与他人友好相处也是一门学问，需要注意以下几点。

第一，不要招惹是非。

修身是在职场立足的第一步，修身就是要管好自己的事不去插手别人的事，这样能减少不必要的麻烦和矛盾。这并非是让人冷漠，而是很多是非你并不知道真相，贸然参与或许只能帮倒忙，也会让别人怀疑你的真实目的。

第二，保持热情。

不惹是非并不代表着不出手帮忙，当别人需要你时，只要力所能及就尽量伸出援手，因为在帮别人的同时也是在帮助自己，毕竟人生活在社会群体当中，今天他有难处，可能明天你有难处，对身边的人热情，就是在给自己积攒人脉。

第三，积极乐观。

无论是老板还是普通员工，谁都不希望自己身边坐着一个整天唉声叹气的可怜虫。这种人只能给别人带来负能量，即便在工作或者生活中遇到了难处，也尽量不要表现出来，不要让自己成为一个无法承受困难的懦夫。或许能换来一点同情，但失去的是别人对你的尊重和信任。

第四，不嫉妒他人。

工作中难免会有竞争对手，因为蛋糕就那么大，当别人取得了成绩之后，不要以羡慕嫉妒恨的心态去评议他人，即使做不到大度地祝福，也不要抱着敌对的态度，因为我们要想成为优秀的人需要经历一个过程，别人或许比你早了一步，或许比你天赋更高，只有保持平和之心才能让你成为日后被他人仰望的人。

职场既是战场，有时也像家一样，它需要你拿出和他人较劲的积极态度，也需要你用温情和爱去包容他人，这样才能提升你的个人魅力，让更多的人愿意与你交流、合作。这将优化你的工作环境乃至事业前景的重要组成部分，单靠自己埋头死拼，很难把自己推向成功的顶点。一个人的力量终究有限，只有吸引更多的人到自己身边，才能提高成功的胜算。

6 驾驭并利用团队的创造天赋

相传，佛祖释迦牟尼曾问弟子："一滴水怎样才能不干涸？"弟子思索片刻无法回答，释迦牟尼说："把它放到大海里去。"释迦牟尼的这句话流传至今，提醒人们要重视集体的力量。难怪有人认为，世界上有两个组织是非常强大的，一个是军队，另一个是宗教团体。因为军队将使命放在第一位，宗教团体将信仰放在第一位，士兵为使命牺牲是一种荣誉，而宗教成员为信仰而死是一种光荣。

使命和信仰是什么，是让组织不断延续的文化。如果继续深入分析你会发现，使命和信仰的背后是军规和教规——都拥有高于个人利益的制度，它们不因个人而存在，也不会为了人性化而随意修改，这就是团队的力量。

从企业的角度看，团队的价值观管理永远都是团队管理的核心动力。正如狼在捕捉到猎物之后，每个参与捕猎的成员都能分享到肉，这就是狼群的规矩，这个规矩让狼这一物种从原古延续到今天。同理，国家想要长治久安，需要一支战无不胜的军队，企业要想长盛不衰，也需要一支善于战斗的团队，而团队的荣誉要大于个人的荣誉，团队的成就也高于个人的成就。

团队的利益依靠什么来创造？依靠每个团队成员的天赋，而把这些天赋汇集在一处就构成了团队共有的天赋。天赋是一种天生的、生理上的个体倾向，也带有一定的遗传因素，能预测人们在某个领域中的表现。

每个人的天赋对他们的生活和工作都会有一定的影响，优势＝天赋＋技能或知识。当一个人平时的训练和学习与自己的天赋完美结合时，人就会做得更好；如果契合度不够的话，即便付出更多的努力也很难达到顶尖水平。所以，一个人尽早地发现自己的天赋，对自己未来职业的规划和人生发展方向有着重要作用。

天赋和努力到底是何种关系呢？科学研究证明，努力和天赋的关系相当复杂。一方面，它们有着紧张关系，很难完全划分清楚，事实上，天赋＝表现－努力：当你越是具备天赋的时候，为了达到绩效目标需要付出得越少，同样，你要想超过那些天赋比你强的人，你就要比他们付出更多的努力。

还有一个因素不可忽略，天赋主要靠性格特征驱动，比如你的雄心和动力，责任感和专注度，这些都可以看成是天赋的一部分。有些人能够显示出高度的努力，意味着更高的积极性能够作为潜力的一个关键属性，所以优秀的员工很少因为天赋比别人优秀，而是依靠内在驱动力。

其实，化解天赋和努力的矛盾很简单，将个人的天赋运用在团队当中，通过团队的共同协作去带动天赋。

因为人生来具有惰性，越是天赋高的人越不容易拿出百分之百的努力，但是如果把他放置到团队中情况就不同了，他需要配合其他人的工作，需要为了完成团队的最高目标而努力，这就让他无法完全放松。而且，团队成员还会给他以激励、压力，这些都能驱动他更好地用努力去发挥天赋的作用，同时，团队成员的互相学习和指导，也能够让人更容易认清天赋的作用——当你不愿意付出努力的时候，纵然天赋再高也是无用的。

很多人认为，努力比天赋更适合精英管理，因为一小部分人可能天赋异禀，而且每个人的毅力是与生俱来的。其实并非如此，有些人天赋不高，有些人意志力不够，但是两者都受到遗传的影响。有研究发现，41%的自觉性变量（解释在努力方面个体差异的主要性格特征）可能是基因决定的，然而智力或学习能力的40%受遗传决定，也就是说天赋比努力的遗传性仅仅高了7%。从这个角度看，努力也是有上限的，而天赋也可以通过团队来提高。

俗话说，三个臭皮匠赛过诸葛亮，在团队中也会受到这个因素影响，当几个天赋较高的人加入团队时，他们对某些事物的敏锐把握能力、创造力也会通过集体合作逐渐展示出来。虽然这里面有一些因素不能完全被复制，但总可以依样画葫芦，可以通过交流、模仿和抽取核心经验构建一种思维模式，这就等于弥补了其他很努力但缺乏天赋的人。而且，这种积极的学习态度，对天赋高的人而言并不是一种负担，反而会激发他们展示个人才干的欲望，从而在团队中形成良性的互助氛围。

华为为了让干部和员工有更强的战斗力，推行了轮岗制度：决策层是轮值CEO，其他团队也有流动轮岗制度，这是为了让员工在不同的岗位工作，增强他们的适应能力，挖掘他们的天赋，拓宽他们的视野，全面提升工作能力，快速成长为团队的中坚力量，这就是典型的以团队为平台，让人才流动起来，激发他们的工作斗志，让他们的某些天赋在更多的部门和岗位上得以流传，让团队永葆活性。

团队和个体的关系，并非是包含与被包含的关系，而是相互刺激和影响的关系，团队需要个人贡献他们的聪明才智，个人也需要借用他人的能力和天赋来完成自己的职业理想，团队是个人的平台，个人是团队的活跃因子，它们的结合就是天赋、知识、经验和驱动力的结合，能够创造"1+1>2"的成果。

第 十 章

爱与幸福：把工作看成有灵气的生命体

1 工作理应融入快乐

2007 年，英国有一位火车司机幸运地中了百万大奖，中奖后他马上给自己买了一台房车，开始了环球旅行。几个月以后，他居然又提出申请想要回到铁路部门工作，却因为听力受损被公司拒绝，后来在他百般的恳求之下公司终于同意了。不少人纷纷质问火车司机是不是疯了，火车司机感慨地说："我想我总不能把自己以后的余生全部都花在无聊的度假上面，比起度假我更想要与我最亲爱的同事们及心爱的火车一起愉快地工作。"

不少人在提起工作时，难免会发出一声叹息，觉得工作好累好枯燥，其实这源于身心的疲惫。这种疲惫感从何而来？主要是对工作缺乏感情和兴趣，所以看到的只是工作中灰暗负面的部分，无法像那位火车司机一样萌生对工作的爱意。遇到这种情况，我们不妨给自己提出几个问题：

第一，工作是不是一种负担？

第二，如果你拥有足够的物质保障还会不会选择工作？

第三，选择工作是你心甘情愿的吗？

无论你的回答是肯定的还是否定的，你都应当在思考的过程中审视一下内心，直到让自己的观念发生改变：我要享受工作的乐趣。

工作是一种谋生手段，也是一种最原始、最基本的要求，当这个要求得到满足之后，我们应当选择更高的目标。如果工作的目的只是为了获得身外之物，而忽视自己的内心感受，这样就不尊重自己的兴趣和爱好，不去考虑工作能够带给自己的价值，那么工作就失去了灵魂，变得枯燥和单调。

不少人实现了自己最初的愿望，却很难感受到成功的喜悦，反而身心疲惫，因为不属于内心的快乐通常是短暂的，也很难长久，所以带着这种情绪工作会觉得很累。

工作有它自身的价值，能够领悟到这种价值的人才能真正融入工作中，充分享受工作带来的快乐，换句话说，工作是实现自我价值的重要途径。

心理学家认为，人需要得到外界的肯定，也就是自身价值被他人认可，这才能带给人们快乐的感觉，为何人们听到赞扬时会感到快乐，这就是一种满足感。既然如此，我们为什么不能让工作来肯定我们的价值从而获得快乐呢？这样一来，人就很容易对工作产生兴趣。

有些人之所以对工作感到疲惫，是因为他们总是不断地换工作，在适应新工作的过程中去享受工作的新鲜感并错误地把它当成是快乐，然而当新鲜感过去之后，很快就会感觉到疲惫。其实，让一个人去重复做熟悉的工作，的确容易变得乏味，但工作不仅是生活的需求，更是精神的需求。

如何在工作中感受到乐趣，这是需要探讨的问题。

如果你觉得工作十分枯燥，不要马上急着换工作，而是应该适当地拓展一下工作的范围和深度，这样或许就能发现其中的乐趣所在，也能够全身心地融入进去。一个人是否拥有在工作中获得快乐的能力决定了他人生的高度。

龙应台曾经给自己的儿子写过这样一段话："孩子，我要求你读书用功，不仅仅是因为我要你跟别人比成绩，而是我希望你将来会拥有选择的权利，选择有意义且热爱的工作，而不是被迫谋生。当你的工作在你心中有意义，你就有成就感；当你的工作给你时间，不剥夺你的生活，你就有尊严。成就感和尊严，使你快乐。"

龙应台的意思是：努力读书很重要，当然不是为了成绩和考试，而是它能够让人生拥有更多的选择权，而我们苦苦寻觅的安全感，其实取决于我们对于人生的选择权。对于工作来说也是如此，工作能够换来物质回报，但更重要的是通过工作提升自我。

很多人能够享受工作的快乐，其实并不代表他们不爱钱或者不需要钱，而是他们将关注的焦点放在获得乐趣上，不仅越做越有趣，也越做越有干劲，工作表现得出色，才会获得相应的回报。相反，如果一个人整天在心理上背负了"为钱而工作"的沉重负担，一旦在工作上遇到个风吹草动，就容易陷入无奈的状态，这样既会毁掉心情，又会影响工作的状态，所以我们应当为快乐而工作。

在工作中寻找乐趣是重要的，但这也是问题的关键。事实上，乐趣并不需要你费尽心力寻找，而是体会出来的。心理学认为快乐的动力来源于内心，而非建立于外在的收获。寻找乐趣的人会给快乐设定一个条件——当我完成这项工作就会快乐，因此才会努力追求目标。然而事实并非如此，心理学家发现，这个世界上没有所谓的通向快乐的道路，因为快乐本身就是道路。一个难以感受到快乐的人，即便意外中了巨额彩票也很难找到乐趣，因为他可能会这样想："中了几百万又怎么样，上一期那个人中了一个亿呢！"

一个真正理解工作的人，才能体会到真正的快乐，因为无论环境发生何种变化，他都能够感受到一种轻松和愉快。正如人们常说，生活不是缺少美，而是缺少发现美的眼睛，工作也是如此，不是缺少乐趣，而是缺少发现乐趣的心，这个正是工匠精神的重要组成部分。

2 找到适合自己的工作，是一件非常幸运的事情

如今"选择困难症"成为一种流行病：从逛超市挑选相似的产品到谈恋爱选择合适的伴侣……几乎人人都会纠结、迷茫和困惑，而最糟糕的莫过于"职场选择困难症"。不少人认为，找工作是一件难事，入职之后承受的各种压力更是难上加难。其实，与其在择业时陷入纠结，不如提前做好准备，为自己勾画出一幅"职业心理画像"。

现在一些企业在开展面试时会对应聘者进行职业心理测试，为的就是寻找心理健康、适合企业发展需求的人才。同样，人们在求职时也会找"对口工作"：收入是否满足自己的需求，职业前景是否有上升空间，企业文化是否与自己的三观合拍……然而很多人却忽视了一个更重要的问题：自己的性格是否和选择的职业相匹配。

如果一个人不懂得利用自己的性格优势去选择职业，那么他的职场之路很可能会背道而驰，更重要的是，他很难在一个不适合自己的工作中找到快乐，容易产生怀才不遇之感，这对于一个人来说无疑是厄运。

心理学家对求职的观点是：如果你需要的是一种谋生手段，那么你考虑的无非是能力、外在资源以及收入多少，这就是大家普遍

关注的现实问题，但是如果你把职业当成是实现理想的道路，需要满足内心的情感，那么你就要关注你的个人兴趣、能力以及性格。所以，利用性格特点选择职业，不仅会更容易成功，还能够满足你一系列的心理需求，绝不仅仅体现在收入的多少。

寻找适合自己的工作，其实就是寻找一个能够展示你个人价值、让你得到他人认可的岗位，我们应该把它看成是一次幸福而激动的"相亲"，而不是背负生活压力时的被动选择，这样我们才能通过工作来建立自我认同感和幸福感。下面，我们从性格出发，看看哪一种职业最适合你。

第一，引导者。

这种人的性格是喜欢帮助和引导别人，擅长和他人建立连接，能够适应这种团队生活，他们在社交中有很强的天赋，所以比较适合警察、人事经理、护士、教练、客服人员等职业，因为他们骨子里喜欢和别人沟通，也愿意将自己掌握的知识、技能和信息传递出去，这是一种源于内心的强大动力，别人在和他们接触的过程中也会被妥善对待。

第二，构建者。

这种人喜欢实操，把他们掌握的知识和想法转变为实际行动，而不是坐在办公室里空谈和幻想，所以比较适合农业、电力、美容、设计、木艺等行业，他们喜欢和人互动，也喜欢去改造实物，他们观察能力很强，注重细节，骨子里有一种改造世界的冲动，尤其是在面对突发事件时有较快的反应能力和较强的心理素质。

第三，创意者。

这种人喜欢想象和策划，他们并不太愿意走出自己的世界，因为那会让他们产生不安全感，他们喜欢相对封闭和熟悉的工作环境，所以比较适合艺术家、动画设计、音乐制作等行业，当然这些行业存在很高的风险，因为他们脑子里的东西很可能无法转变为财富，或许要长期经受孤独和贫穷的考验，然而他们对梦想的执念比大部分人更强，所以他们也乐于沉浸在自己的世界中，直到实现梦想。

第四，思想者。

这种人喜欢钻研和深入分析，他们并不喜欢创造奇思妙想，而是喜欢进行调查和研究，所以比较适合药学专家、程序员、市场调研员等职业，他们天生就喜欢分析和解决问题，他们的抽象思维能力超出创意者，而具象思维可能逊于创意者，这是因为他们更看重可视之物而不是一个模糊的概念，他们的人生乐趣就是接受一个又一个的挑战并最终征服它们。

第五，组织者。

这种人喜欢做团队安排，他们就像是一个有强迫症的管理员，只要发现环境不够井井有条就会主动修正，所以比较适合会计、图书馆管理员、科学家助手、学术行政等职业，他们擅长制订计划，设定行程，喜欢把看似混乱的东西重新调整顺序，他们有着惊人的耐力和相对更高的职业道德，他们常常是某个组织、设备或者其他运行体系的维护者。

第六，劝说者。

这种人的性格特点是不断和他人交流并在交流中找到快感和成

就感，他们喜欢用自己的观点说服对方，也喜欢去探查别人的内心世界，所以比较适合法律咨询、公关经理、演说家等职业，他们内心深处迷恋的是"言论自由"，也就是自由快乐的表达，他们享受被别人当成一个传道者，更享受用自己的理论去征服听众，他们并不看重行动力，而是喜欢用说服力直接处理纠纷，因为这就是他们看待世界和改变世界的方法。

性格决定我们选择何种职业会更有发展前景，同样，职业也会培养性格。如果你是一个轻度外向性格的人，最终选择了做图书馆管理员，那么你外向的性格特点很可能会在枯燥的图书管理工作中渐渐改变，变得少言寡语，更加专注于图书本身，这就是工作环境导致的"性格变异"。同理，如果你原本是喜欢安静的内向型性格，阴差阳错地要去处理公司的法务问题，那么在和他人打交道的过程中，很可能在不知不觉中就锻炼出来一口伶牙俐齿，让你对封闭的工作环境产生排斥感。

一般来说，一个人的天性会帮助自己选择最适合的职业，职业对性格更多的是强化作用而非对抗作用，因为如果职业要求和性格特点反差过大，很多人往往会重新选择职业，真正能坚持下来的人并不多。所以我们还是要倾向于选择适合自己性格的工作，而不是奢求职业会完善我们的个性。只有这样才有利于我们性格的成长，让我们获得满足感和成就感，让工作成为我们最幸运的抉择。

3 热爱它胜于它给你带来的钱

唐朝的贾岛是著名的苦吟派诗人，所谓苦吟派，就是指为了一句诗或一个词，耗费很多精力。贾岛曾用几年时间作了一首诗，完成之后他竟然热泪盈眶。有一次，贾岛骑着一头驴走上了官道，当时他脑子里正琢磨着一首名叫《题李凝幽居》的诗，其中有一句叫作"僧敲月下门"，他认为"敲"字有点不适合，不如"推"字更好，于是就在嘴里念叨着。不知不觉地，贾岛骑着毛驴闯进了大官韩愈的仪仗队里，韩愈问他原因，贾岛就将自己作的诗念给韩愈听。韩愈听了以后让贾岛选用"敲"字，因为这样既有礼貌又增添了声响效果，贾岛听了连连称赞。从此贾岛也和韩愈成了好朋友，这也是汉语中"推敲"一词的来历。

贾岛写诗到了走火入魔的地步，是因为写诗能够给他带来金钱吗？当然不是，他为之痴狂是因为热爱写诗，这是一种纯粹而深刻的感情，能够让人进入到一种忘我的状态中，而这正是工匠精神需要的动力。

现在的离职率和过去相比要高出很多，特别是"90后""95后"这些年轻人，他们一旦觉得不开心，就会干脆利落地"炒掉"老板。当然，离职的原因有很多，最常见的无外乎是工资太少。的确，工作的目的是谋生，但这不是唯一的目的，如果把工作的回报一味地用金钱来衡量，那么你的快乐源泉就由老板是否大方、市场是否迎合你所决定。因为只要工资少，你就会失去工作的动力，这样的你如何真正驾驭得了工作呢？

热爱工作，并不是老板对员工的洗脑，而是具有工匠精神的人的自我"洗脑"。当一个人不热爱他的工作时，就会下意识地选择轻松自在的工作，而这种工作往往缺乏挑战性，会让一个人逐渐丧失斗志，本能地逃避困难，选择压力更小的工作，这样一来，人就很难真正提升自己。

热爱工作，并非不重视物质回报，毕竟金钱是我们生存和发展的基础，但如果你的目光总是聚焦在钱上，你就会对工作失去正确的态度，仅仅把它当成谋生的工具，就不会有心思去琢磨工作。

对工作投入热情是铸就工匠精神的根基，没有热情的勤奋是虚假的，没有热情的操守是刻板的，没有热情的服务是机械的，没有热情的创意是无序的。只有对工作心怀热情，才能激发一个人对创意、技术、美学、职业精神的向往和锤炼，而这是从一个普通的匠人升级为大师的必经之旅。那么，投入热情能够给我们带来什么好处呢？

第一，减少抱怨。

即便是收入丰厚的工作，也难免会有令人不满之处，甚至可以说，回报越多，你在无形中损失的也越多，比如对客户的卑躬屈膝、没日没夜的加班，等等。这种情况下会有多少人不抱怨呢？你会忽然觉得所谓丰厚的回报并不能真正弥补你精神上的损失，这种抱怨就会转变为一种消极力量，让你在工作中无法集中精神，甚至在面对客户和团队成员时阳奉阴违。

如果你能投入热情就不同了，你不会用有形的价值去衡量自己的付出，会更关注这份工作给你精神层面的回报，比如历练了你的社交能力或者是清晰了创意思维。这些东西不属于客户，也不属于老板，只属于你一个人，这种特殊的满足感会消弭你的怨气，让你义无反顾地投入到下一阶段的工作中。

第二，增加活力。

一个人如果只是为了钱去工作，那么就很难从他的脸上看到发自内心的微笑，而是换取物质回报的一种妥协。带着这种心态工作，虽然也能完成任务，但从心理动因上是扭曲和被动的，其受到利害关系的驱动，一旦待遇下降，工作效率也必然受到影响，更有甚者还会选择新的工作。显然，带着这种心态工作的人是缺乏活力的，他们只是机械地寻找满足生活需求的工作，而非选择一个适合自己的工作。

如果你能从工作中发现它的美妙之处，自然愿意投入热情，在热情的推动下，你就会减少对利害得失的计较，你会主动做事，甚至主动地选择具有挑战性的任务，因为你的热情让你活力四射，从内心深处渴望通过工作来释放激情，一旦进入这种状态就会极大地激活你的工作潜能，创造出让人惊叹的业绩。

第三，投入热情，坚定信念。

信念是人倾尽全力做事的精神保障，它是无形存在的，也来源于无形。人们常说重赏之下，必有勇夫，但很多时候没有赏金，自然也就没有勇夫出现了。所以，要保持对工作死磕到底的耐性和勇气，就要有坚定的信念，相信自己最终会攻克难题，这不仅是一种自我激励的手段，也促进整个工作团队的凝聚。

如果你愿意投入热情，这种情感就会把你和工作紧密地联系在一起，这时回报多少对你而言已经不那么重要了，因为你已经在心中埋下了"胜利情结"——不达目的誓不罢休。在这种精神动能的推动下，当别人被现实击垮或者动摇时，唯有你能直面挑战，即便你不能做到最好，也会因为坚持不懈而站得更高。

　　在过去的时代，人们很少选择工作，因为市场是狭小和死板的，商机也是少见的，一份工作能够干十几年甚至几十年，受制于客观条件，人们会在日积月累的劳动中爱上工作。而现在的人选择的机会多了，常常是一个工作试了几个月甚至几天就放弃了，很难长期坚持下去，客观上也减少了对工作的热情。其实，这种心态是对职业的冷漠，不利于培养高尚的职业情感和操守。

　　正因为这种存在现状，我们更需要点燃对工作的热情，因为当别人还在为绩效而工作时，你是出于热爱而工作，短时间内你们或许没有差别，但只要能持之以恒，你对工作倾注的热情迟早会变成一种积极的正能量，让你达到更高的段位。

4 企业要求的不是知识，而是某些固定的个性

1998 年 10 月，李咏第一次主持《幸运 52》时，一上台精神紧张，不知道该如何说话，额头一直在冒汗，说话颠三倒四，表情也很不自然，最后大败而归。当天晚上，遭受人生挫折的李咏在外面独自一人喝酒，直到很晚才沮丧地回到家。李咏的妻子哈文见他萎靡不振，并没有责怪他，而是对他说："李咏，无论你做什么，我希望你能坚持自己的个性，永远，永远。"正是这句话，给了李咏无穷的力量，当他再次去台里录制节目的时候，身上丝毫没有失败的阴影，反而是精神抖擞。在第二次录节目的时候，李咏保持了他实话实说的个性，引起了台下阵阵喝彩。当然，还是有一部分人不喜欢李咏的主持风格，然而李咏总能想起哈文对他说的话，他因此坚定信念。终于，喜欢他的观众越来越多，个性成为他成功主持的法宝。

现在很多企业在招聘的过程中，最常见的审核环节是对岗位职责的描述，也就是对前来应聘的员工提出一些资质和技能要求，比如是否拿到了专业证书、是否具备现实操作能力等，有些甚至成为硬性标准，如果不能达标，即便其他方面十分出众也难以入选。

一个岗位提出资质和能力要求，是很正常的，但这是一种依靠常识来选拔人才的方法，如今一些意识比较前卫的企业发现了其中

存在的问题，那就是过于关注应聘者的共性而忽视了个性。资质和能力是一个从业者的基本素质，但进入工作岗位之后，他们的业绩必然存在着很大的不同，造成这种差别和他们的个性有关。

不仅企业如此，很多应聘者也陷入错误的思维模式中，他们认为自己选择了某个职业之后，就要具备这个职业的共性，比如研发岗位要知识渊博，要有耐心和定力；销售岗位要懂得和客户沟通，要随机应变；等等。事实上，这种认识是在抹杀自己的个性，无视自己与众不同的长处，盲目模仿他人的长处。

美国心理学家做过一项实验，找来两个6岁的男孩，男孩甲外向活泼，男孩乙内向安静，实验人员让两个孩子身处同一间屋子，然后发给他们一幅拼图，告诉他们最先拼完的人可以得到奖励。起初，两个孩子都能认真地拼图，然而拼到一半的时候，房间里忽然进来了一只小狗，男孩甲的注意力马上被小狗吸引，最后放下拼图和小狗一起玩耍。男孩乙仅仅是在小狗刚进来的时候看了两眼，随后就将精力放在拼图上并最终拼图成功。

两个孩子不同的个性，决定了他们对待事物的态度，因此不同的个性在不同的工作中也会有差异化的表现。

现在，"个性科学"已经成为一门新型的跨领域学科，它有一个重要的概念叫作情境原理，是指员工的绩效取决于特定个体和特定情境的互动，如果不考虑个体行为身处的环境就对员工进行评估是缺乏现实意义的。

西方人崇尚素质教育，欣赏那些能够保留个性的人，这也是文艺复兴和思想启蒙追求的精髓，那种盲目效仿他人或者某个群体的人，某种程度上丧失了自我，不论他们的内心世界是何种感受，但是他们的行为方式已变得虚假和陌生，他们毁掉了原本属于自我的独特性，毁掉了追求自由的勇气，也就间接地剥夺了他们原本很出色的工作能力。

人的性格多种多样，虽然有些性格在公众的认知中会被贴上"受欢迎"或者"不受欢迎"的标签，比如开朗外向——受欢迎，少言寡语——不受欢迎，但是性格本身并没有好坏之分，我们不能歧视或者吹捧某一种性格，因为任何性格都存在着两面性：一个激情四射的人或许有很强大的感染力，但很可能缺乏忍受孤独埋头苦干的特质；一个温和沉静的人或许不会惹麻烦，但很可能也不会在关键时刻独当一面……所以，一个人的真正价值不在于他的性格是否完美，而是他的性格是否独特，是否可以把这种个性转化为工作的动力。

李嘉诚说过："我是个生性腼腆的人，内向而不喜主动交谈。"然而，内向的性格并没有妨碍他的成功，反而让他做事更加专注，更没有把宝贵的时间浪费在无用的社交上。同样，《哈利·波特》的作者罗琳也是一个非常内向的人，每次家中有聚会的时候，罗琳都会觉得不自在，会一个人偷偷躲到房间看书，只有这样她才会感觉自由和轻松，也正是因为有了很多独处的时间，罗琳才会在脑海中构建一个奇妙的魔法世界。由此可见，决定一个人能否成功的关键，在于你如何运用自己的某些个性，只要学会合理转化，那些看起来不够"优质"的个性也会成为你走向成功的推动力。

一个人的性格能够影响他的未来，那么一个团队的"性格"同样关乎企业的生存和发展。团队的性格由若干个成员性格组成，于是问题来了：如果企业只认为某一种性格的员工适合自己，其结果就是一个团队中充斥着性格相似的人，看起来能够最大化地发挥这种性格的优势，但也埋下了隐患，相似的性格就意味着相似的短板，一旦遇到变故，可能会集体"宕机"。打个比方，如果企业只把外向型的员工集合在一个团队中，在团队需要他们外联时优势是最大的，可如果团队需要他们合力制订策划方案、内化销售经验时，他们性格中共有的缺陷就会暴露出来，专注度低且都愿意出风头，其结果就会频繁产生摩擦，让问题表面化。

事实上，最理想的团队性格，就是将各种性格结合在一起，让每个人保持着高度的个性自由，这样才能有利于发挥他们的优势，也能抑制他们的劣势。更重要的是，性格不同的人容易互补，而性格相近的人容易发生冲突，因此保持个性独立就是保持思维独立，避免出现集体性的失误。

对企业来说，寻找有专业能力的人并不难，难的是建立个性不同且能融洽相处的团队。团队的力量永远大于某个人，而凝聚团队的因素和知识无关，和成员的个性有关，所以我们不仅要重视知识的积累，更要学会了解并利用自己的个性去为团队创造价值，毕竟知识是随时可以更新和学习的，而个性的养成却需要漫长的过程。

当然，任何一种性格都有优势和劣势，企业需要的是发扬员工的个性优势，但不是放纵个性，而员工也应当明白个性解放的真正含义是以团队利益为前提，以和谐为准则，不能以自我为中心，要了解他人性格中的长处和短板，这样才能有利于合作，也能长期建立稳定的协作关系，共同完成团队的工作任务并在相互融合的过程中取人所长、补己之短。

5 把工作看成有灵气的生命体

著名的理论物理学家霍金，被无数人当成神一样的科学巨匠，其实他还是一个热爱生命、热情工作的勇士。有一次，他坐轮椅回柏林公寓时，在马路上被小汽车撞倒，导致左臂骨折，脑袋也被划破，缝了13针。然而只过去了48个小时，霍金又回到了办公室继续工作。尽管霍金饱受卢伽雷氏症的折磨，但他依然像正常人一样努力工作，完成自己规划好的工作目标。1985年，霍金动了一次穿气管的手术，彻底失去了说话的能力，可就是在这种情况下，他依然坚持写出了著名的《时间简史》。

对霍金这样的人来说，工作已经不是养家糊口的谋生手段，但他仍然致力于探索世界、宇宙和所有未知之事，这是因为他和工作已经连成一体，他每生活一天就要工作一天，这是一种强大的精神力量。

不少人在工作时总是怀着一种看似潇洒却错误的态度：我有专业能力，用人单位需要我，我工作是为了造福社会。表面上看似乎有一定道理，但是仔细想想会发现，世界上没有哪个人是不可或缺的，总会有人可以代替你甚至比你做得更好，当你认为是工作需要你的时候，你其实是在低估了工作对你人生的重要性，同时过分高估了自己。

生活中，不少人从事的工作会令人羡慕，但如果让他们自己来说的话，十有八九会觉得也就那么回事，这就是典型的身在福中不知福。更有甚者，只能看到工作给自己带来的麻烦，而不能看到工作对自己个人能力的提升，以至于把工作当作一种负担，最后沦落到得过且过的混日子状态。

工作对我们来说，真的有那么不堪吗？

抛开个别待遇低、前途差的工作，大部分的工作对人都有特殊的意义。工作对我们来说不仅仅是生活的物质来源和保障，也是我们提升自我的重要途径，更是我们深入了解内心世界的大门。

有些人在失去工作之后忽然发现有工作的人生才是充实的；有些人不用工作时也会被漫长无聊的寂寞时光所摧垮；有些人盲目换了一份工作才意识到上一份工作对实现个人价值的重要意义……人们之所以会和工作"相爱相杀"，其实是很多人把工作当成了一个没有生气的、死亡的存在，所以他们才会评价和吐槽工作，却从来不懂得静下心了解和欣赏工作。

人类为何有社交的需求，因为我们能够通过和他人接触了解更真实的自我，能够在几个不同的灵魂中碰撞出灵感、情感和美感，这是因为对方是有生命的存在，我们是有血有肉的人。如果你能把工作看成是有灵气的存在，那么你还会觉得工作是枯燥无聊的吗？

第一，工作是你的"知心好友"。

一个人到底有何种能力，有何种生活态度，通过工作最能了解。当我们从事一些繁重或者琐碎的工作时，我们能够认识到自己的意志力是否坚定；当我们从事和人打交道的工作时，我们会发现自己的情商是否足够；当我们执行高精尖的工作任务时，我们才有机会发现自己的专业能力是否存在短板……总之，工作就像一个最知心的朋友，能够了解你身上的闪光点和阴暗面，只要你用心工作就能发现真相，这就是以工作来"正衣冠"。

第二，工作能够激励你的斗志。

很多影视剧中，主人公在生活中受挫之后，往往会选择拼命工作去忘掉这些烦恼和悲痛。为什么会这样？因为工作是一个沉默但有生命力的存在，它就像一个沉默寡言的好友，能够在你人生最低迷的时候陪伴在你身边，又不会对你妄加指责，你只需要默默地和它对视就可以了。只有进入到工作状态，我们才能找到另一个自信的自己，我们才能发现在爱情世界里失败的自己，在工作中却是如此有魅力的人。所以，尽情地投入到工作之中，是获取激励自己的最佳手段。

第三，工作是教化你的存在。

有些人的记忆里，总会有一位和蔼但又严格的老师，他可能责骂过你甚至惩罚过你，但你依然对他心存感激，因为他曾经纠正了你身上的一些坏毛病，让你变得更加完美，甚至扫清未来人生道路上的障碍。对比之下，父母和朋友却很难做到这一点，父母是因为缺少足够的教育时间和教育能力，朋友是没有教育的资格和经验，而一个老师则能担负起这种重任。工作也是如此，当你以一个职场新人开始工作后，你会在不断的学习和磨炼中获得成长，这种成长有时候是强迫性的，如同学生时代检查你作业是否完成的老师。因为人始终是有惰性的，缺少一个有责任心的监督者，人难免会疏于约束自己，而工作就是这样的老师，它会用 KPI、奖金、荣誉证书等现实存在提醒你：如果不努力，收入将会减少，也会降低他人对你的尊重和信任，甚至会被团队扫地出门。这样一来，你就不得不提醒自己不断完善自身。

第四，工作让我们热爱生命。

一个生活充实的人，才可能热爱生命，因为他知道每一天都十分宝贵，一个下午的方案策划，可能为他换来一个大项目的绩效回报；一个晚上的彻夜加班，可能让他在明年得以升职，所以他才会深刻地领悟到：人生的美好和奇迹要用自己的双手来创造。他就会有更充分的理由珍惜时间、热爱生命。相比之下，一个没有工作的人，每天都会处于散漫的状态，拖延或者懒惰没有给他带来任何实质性的帮助，时间对他而言也没有那么珍贵，那么他还会发自内心地热爱生命吗？

第五，工作让我们了解他人。

虽然不参加工作也能认识很多人，但那只是在单纯的社交场合，你看到的往往是对方刻意的伪装，因为这种社交情景压力很小。但是在工作中就不同了，繁重的压力会让一个人暴露本性，利益的纷争也能看出人与人的亲疏远近。在这种情景下，你才有机会发现谁是真正支持和关心你的人，谁是对你怀有敌意和具有攻击性的人。工作如同一个"介绍人"，把最适合走进我们生命的人送到我们面前，把那些可能危害到我们生命的人标记出来，而且得出的结论往往比较客观准确，这难道不是一种灵气的体现吗？

没有工作，我们会失去生活的幸福之源，也会失去展示个人价值的舞台，人生由此变得一片黯淡。所以，我们要把工作看成是一个具有灵气的生命体，它能够成就你，你也能够成就它。